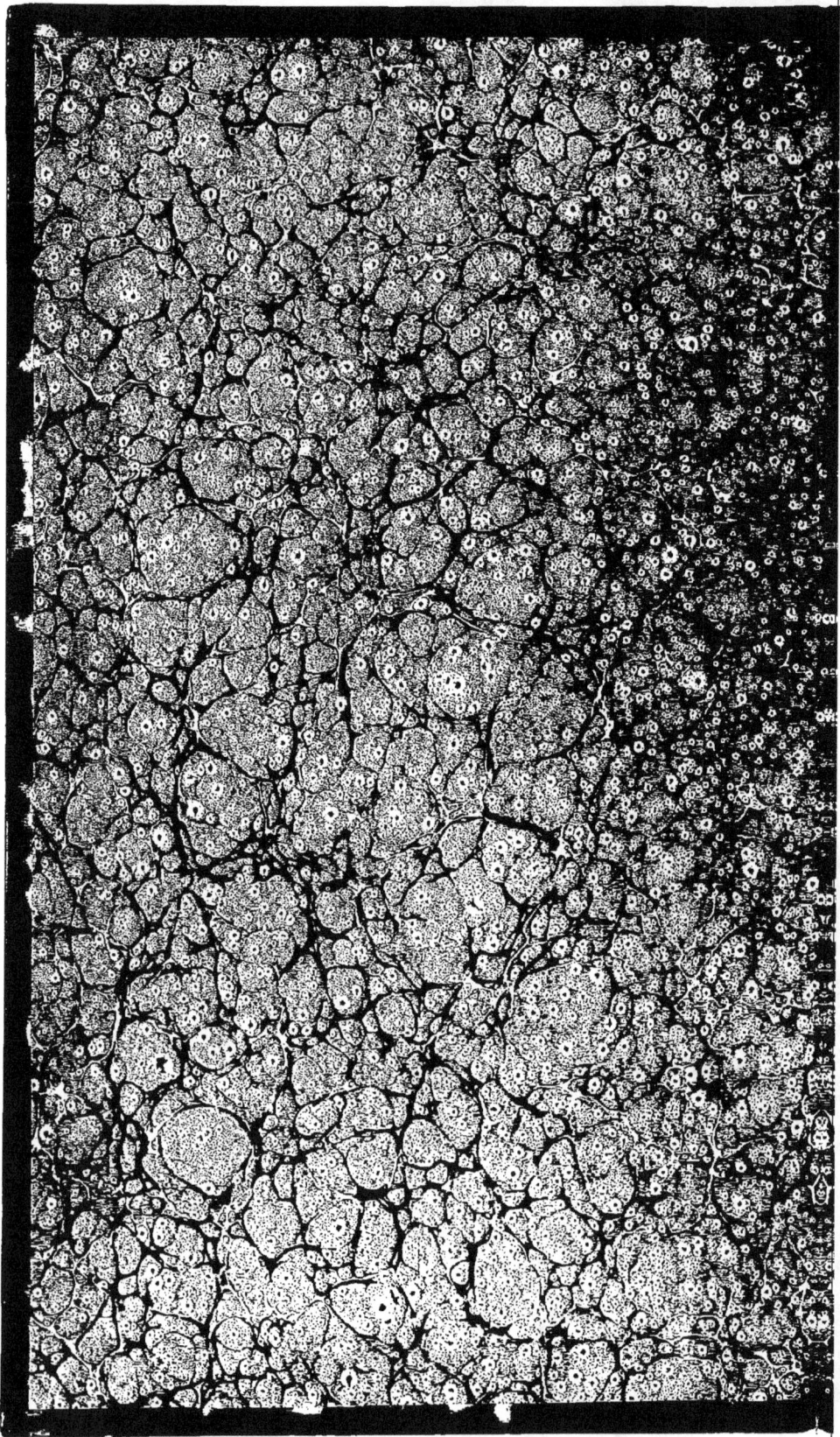

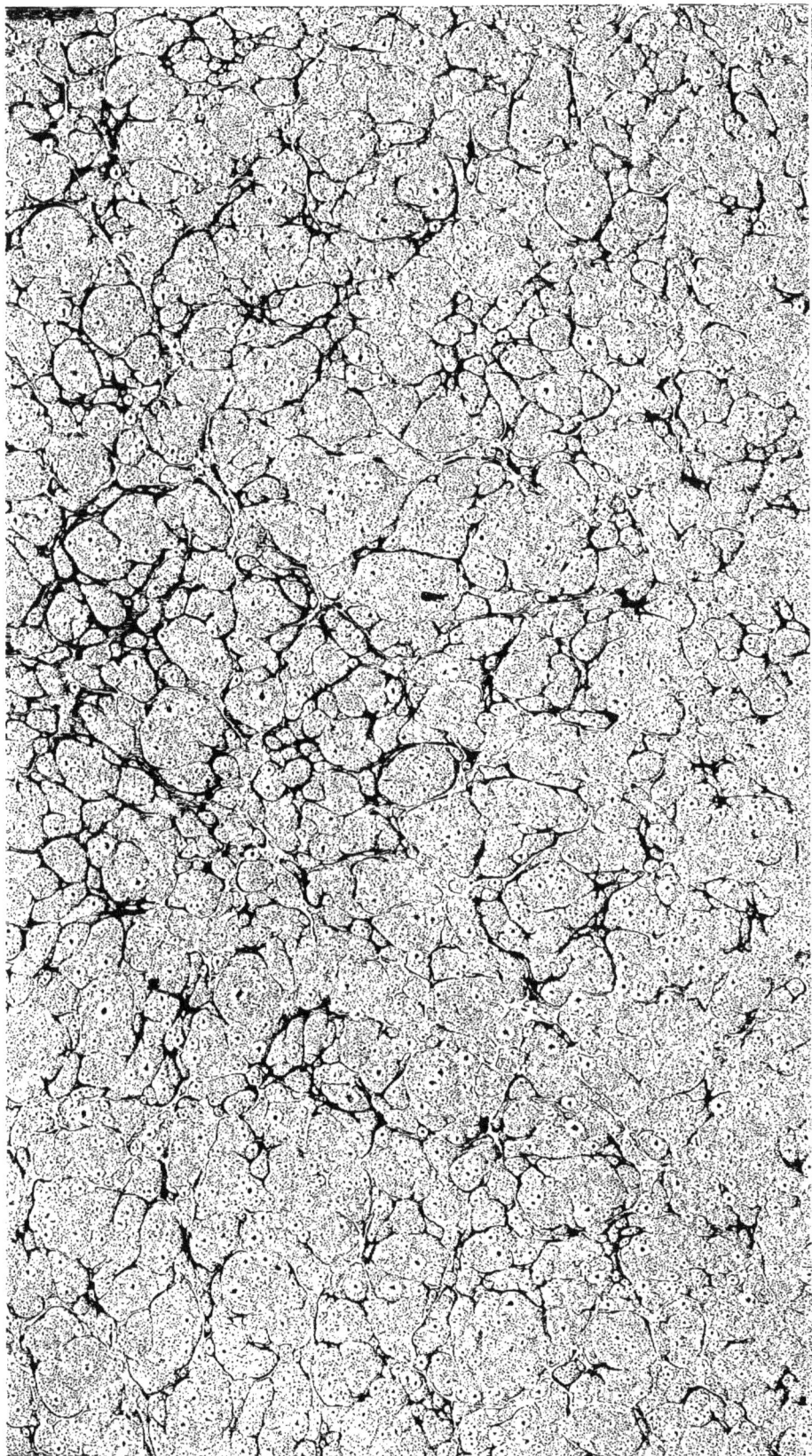

PRATIQUE DE L'ART

DU

MARÉCHAL-FERRANT,

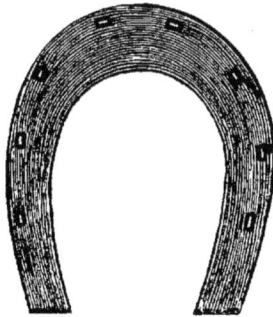

PAR BERTHELOT,

Ancien Maréchal-Expert, rue de Buffault, à Paris,

EX-MARÉCHAL-FERRANT DE CAVALERIE LÉGÈRE.

Dans cet art, la théorie ne peut rien :
Forgez, ferrez pour être bon praticien ;
Sept à huit années à peine vous suffiront
Pour être bons ferreurs et bons forgerons.

SE VEND CHEZ L'AUTEUR,

Rue Bleue, 25,

ET CHEZ DIFFÉRENTS LIBRAIRES DE PARIS ET DES DÉPARTEMENTS.

PRIX : 2 FRANCS.

1845.

1846

Paris, Imp. de Pollet et Comp., rue Saint-Denis, 380.

AVERTISSEMENT (*).

Mes aïeux, depuis un temps immémorial, ont professé l'état de Maréchal-ferrant : à l'âge de quinze ans, je commençai cette profession dans la boutique de mon père (elle est encore occupée par son successeur à Orléans). Indépendamment de la ferrure des chevaux, des mulets et des bœufs, on ferrait aussi tout ce qui concernait les charrettes des rouliers et les instruments de labourage. Ayant atteint l'âge de vingt ans, la conscription m'appela au service militaire; je fus incorporé dans le 10me régiment de hussards. Le lendemain de mon arrivée au dépôt, j'ai été nommé Maréchal-ferrant d'une compagnie qui partait le jour même pour aller rejoindre le régiment qui entrait en Allemagne, pour la campagne d'Austerlitz. J'ai continué ce pénible et laborieux métier dans le régiment jusqu'à la déchéance de l'Empire. Depuis cette époque, j'ai professé à Paris jusqu'en 1841. J'exercerais encore, sans un mal qui a pour résultat une cécité probable.

(*) N'étant pas écrivain, je vous prie d'être indulgent.

AVANT-PROPOS.

Je dois prévenir mon lecteur que je ne me suis servi que des termes usités dans l'état de Maréchal-ferrant, pour donner plus de facilité aux ouvriers et apprentis pour bien comprendre la manière de forger les fers, de les ajuster, de les attacher, enfin les règles essentielles de l'art de la Maréchalerie. Je donnerai la description de la Forge et des objets dont elle se compose, des outils et instruments en général, la manière de se préserver des accidents qui pourraient arriver dans l'action de forger et de ferrer. Si je peux devenir utile aux jeunes maréchaux et aspirants, je serai satisfait d'avoir contribué, par mon faible talent, à la perfection de l'état de Maréchal, qui est, sans contredit, la profession la plus nécessaire à l'état, puisqu'elle a pour objet *la conservation des pieds des chevaux,* des mulets, des bœufs, ces animaux dont l'homme tire sa subsistance et les travaux les plus importants.

ORIGINE DU MOT MARÉCHAL.

Les auteurs français qui ont recherché et écrit sur l'origine du mot *Maréchal*, prétendent que chez les Grecs et chez les Romains, avant Jésus-Christ, celui qui forgeait les fers et ferrait les chevaux, n'avait pas de nom; il serait à croire, sans doute, que c'est au temps où les chevaux n'avaient pas encore été ferrés; il est bien reconnu que depuis les Gaulois, le mot *Maréchal* a été donné à celui qui forge les fers et ferre les chevaux.

Cependant Maréchal-expert, Maréchal-ferrant n'a aucune désignation ni du fer ni du pied que vous allez ferrer. Les grandes dignités militaires s'en sont emparées, et depuis qu'on a institué les écoles vétérinaires, on aurait dû donner un nom à cette profession, et que l'on sait que le *Marschall* des Allemands n'est pas le *Huff-Chmidt*, celui qui ferre les chevaux, le *Mariscal* des Espagnols n'est pas le *Ferrador*, celui qui ferre les chevaux et les mulets; le *Marchalk* des Russes n'est pas le *Kovatcherview*, celui qui ferre les pieds des chevaux cosaques; le *Marshal* des Anglais n'est pas leur *Farrier*, etc. Ainsi, toutes les nations donnent des noms qui se rapportent au pied ou au fer qu'on y applique. En langue allemande, le pied du cheval se nomme *Huff* et se prononce *Houff*, etc.

Il en résulte que depuis 90 à 92 ans, époque de la formation des Ecoles vétérinaires, le mot *Maréchal* a été conservé, malgré le peu de signification et l'abaissement où est tombée la maréchalerie; elle n'en restera pas moins une des branches le plus utile et le plus importante de l'Art vétérinaire.

Que celui qui ose la dédaigner soit bien persuadé que, dans tous les états, l'homme de génie et laborieux s'élève au-dessus de celui qui est ignorant.

ORIGINE DE LA FERRURE,

DE SES CONSÉQUENCES,

Et des différentes ferrures des nations de l'Europe.

Les auteurs Homère et Appien * sont les premiers qui parlent d'un fer à cheval ; la conséquence qu'on a tirée de ces auteurs prouverait qu'en ce temps la ferrure des chevaux était en usage chez les Grecs.

L'empereur Néron, l'an de Rome 805 **, avait des chevaux ferrés en argent, et Poppée, sa maîtresse, avait sa mule ferrée en or. Cela doit nous donner à penser que la ferrure est en usage depuis des siècles. Dans les guerres que l'empereur Napoléon a faites en Allemagne, en Prusse, en Pologne, en 1805, 1806 et 1807, nous avons remarqué que beaucoup de chevaux de cavalerie ennemie n'étaient pas ferrés des pieds de derrière, principalement ceux de Prusse ; le pays et les routes, à cette époque, étaient couverts de sable, ce qui expliquerait que les chevaux étaient moins sujets à user leur corne ; cependant, nous avons aussi remarqué que les chevaux que nous prenions à l'ennemi, qui n'étaient pas ferrés des pieds de derrière, marchaient difficilement. Il n'en était pas de même en Espagne et en Portugal ; le pays est couvert de rochers et les routes pierreuses, les chevaux, les mulets mêmes ne pourraient pas résister à une marche de deux heures sans avoir des fers aux pieds. Tout le monde sait qu'en France la ferrure est généralement adoptée et pratiquée, excepté par quelques laboureurs de certaines contrées qui font labourer leurs chevaux sans avoir des fers aux pieds.

En 1815, après la déchéance de l'Empire, je sortais de l'armée

---

* Histoire grecque.
** Histoire romaine.

avec mon congé, me fixant à Paris pour y pratiquer mon état de Maréchal-ferrant, et ayant déjà des connaissances dans cet art, je désirais me perfectionner, j'examinais les bons ouvriers qui travaillaient dans Paris depuis longtemps ; à cette époque, je trouvais beaucoup de luxe dans leurs ouvrages ; mais l'aplomb et la solidité n'étaient pas observés avec régularité dans la nature de l'ongle ; dans quantité de pieds, l'ajusture bombée et entôlée donnée sans nécessité ; la muraille, la sole, les talons trop parés et trop râpés, il en résultait quantité de chevaux boîteux par la ferrure. J'ai pensé qu'il y avait une réforme à opérer, et pour communiquer mon projet, je me suis mis à travailler pour perfectionner cet art.

Dans l'atelier où j'ai travaillé, rue Saint-Georges, pendant neuf années, nous étions six ferreurs ; j'étais le seul qui arrivait de l'armée. Nous ferrions quantité de chevaux appartenant à différents services de travail, tels que de carrosses bourgeois, de remises, de cabriolets, de selle, de course, de charrettes et des chevaux marchands ; je fus distingué par MM. François-André, *rue Joubert,* Verdure, Gilbert, *rue Lepelletier,* etc., etc., marchands de chevaux distingués qui amenaient quantité de chevaux des foires de la Normandie et autres pays. Il est en usage de ferrer ces chevaux lorsqu'ils arrivent ; il s'ensuivait que, chaque fois, il y en avait de gênés aux pieds de devant par la ferrure ; ces messieurs me demandèrent quelles en étaient les causes. Je les leur expliquai et je leur fis comprendre de ne pas exiger des ouvriers de faire des petits pieds à de jeunes chevaux qui arrivaient de foire, qu'ils n'avaient travaillé qu'à labourer la terre, et qu'ayant les ongles trop rognés, ils se trouvaient sensibles en marchant sur le pavé de Paris, sur lequel leurs pieds reçoivent une commotion inaccoutumée, ou soit encore par la complaisance ou l'ignorance des ouvriers qui cherchent à plaire à la pratique qui leur a recommandé de faire de jolis pieds ; il en résulte que si le ferreur se laisse influencer, et s'il n'est pas assez habile pour bien ajuster les fers d'aplomb, de manière à ne pas gêner la croissance de l'ongle qui s'opère très-promptement chez les jeunes chevaux, ceux-ci se trouvent boiteux sans être ni piqués ni brûlés. Tout homme de cheval approuvera ces explications que je leur donnai, et qu'ils ont approuvées.

Il faut bien comprendre que, pour supporter la masse de tout le poids du cheval, l'ongle doit avoir de la force ; laissez les sabots dans leur nature et ne rognez de la corne que ce qui est superflu. Cela vous donnera bien plus de facilité pour les bien ferrer, avec plus d'aisance et de perfectionnement. (Voir la 1ᵣₑ *Planche*).

Il est à croire, d'après les historiens grecs, que c'est le cheval arabe (voir la 6ᵉ *Planche*) qui a porté le premier des fers aux pieds.

En 1825, M. Damoiseau, vétérinaire, est arrivé d'Arabie à Paris avec des chevaux arabes qui étaient ferrés selon l'usage de leur pays. J'ai continué à les ferrer de la même manière jusqu'en 1827. Les fers couvrent toute la table des pieds, à l'exception d'un petit trou rond au milieu des fers, lequel est pratiqué pour y introduire de l'argile (ou terre glaise) détrempée et mêlée avec de la bourre de chameau, qui maintient les pieds dans leur souplesse et les préserve de se resserrer par l'aridité du sol. J'ai remarqué que les palefreniers arabes qui les ont amenés les attachaient avec une plate-longe fixée dans le paturon d'une extrémité de derrière, et à un pieu en fer garni d'un anneau enfoncé en terre derrière le cheval.

Les Allemands ferrent leurs chevaux avec des fers à crampons aux quatre pieds. Leurs chevaux de charrettes sont ferrés continuellement à trois crampons ; celui qui est en pince, quand le cheval use beaucoup, est en acier. Cela n'empêche nullement qu'ils aient les jambes et les sabots bien conservés.

Toutes les nations du Nord se servent de cette méthode.

Les Anglais en forgeant les fers les évident intérieurement dans la voûte avec le ferretier, cela leur évite l'ajusture bombée ; ensuite, ils font une rainure sur le bord extérieur en dessus sur les branches du fer; l'étampure se place dans cette rainure, ils laissent une distance à la pince dépourvue d'étampure et de rainure, pour souder de l'acier quand le cheval use beaucoup. Le ferreur ferre seul en tenant le pied entre ses jambes. En Angleterre, les ferreurs laissent la muraille des sabots trop haute, cela rend les pieds trop juchés. A Paris, depuis 30 ans, les maréchaux français qui ferrent à l'anglaise, ont beaucoup amélioré ces défauts; aussi cette ferrure est-elle plus d'aplomb et bien plus solide.

Les Espagnols ferrent généralement les chevaux et les mulets à froid. Les *Ferradors* (Maréchaux-ferrants) n'ont pas de forge dans leurs ateliers; les fers sont forgés dans des ateliers spéciaux; le ferreur les contreperce et les ajuste à froid; avec le ferretier, il forme une sertissure sur le bord en dessus du fer, à partir de chaque premier trou des éponges; le fer est mince, uni; par le moyen qu'il a été ajusté à froid, il se trouve rendurci, ce qui le fait conserver aussi longtemps que les nôtres. Les clous sont aussi forgés dans des fabriques spéciales; n'ayant pas la longueur nécessaire, le ferreur les allonge à froid en les effilant; cela fait un mauvais effet pour les rivets; aussi ne les rive-t-il pas, il les tirebouchonne. Il en résulte de cette ferrure que la moitié des chevaux que nous prenions à l'ennemi était coupée, soit par les fers qui ne prenaient pas le tour des pieds, soit par les rivets qui ne pouvaient être incrustés dans la muraille des sabots.

En Portugal, c'est à peu près la même façon de ferrer; cependant les chevaux employés à battre le blé sont ferrés avec des fers qui sont croisés aux éponges, sans être soudés, et couvrent une partie de la fourchette. Huit ou dix chevaux qui marchent en rond sur la paille avec cette ferrure, accélèrent le travail en faisant que les grains sortent plus promptement des épis.

En France, depuis 30 ans, à Paris particulièrement, il s'est formé de bons ouvriers ferreurs; ils ont beaucoup perfectionné la maréchalerie : il y a encore à espérer davantage, malgré la manière et l'avilissement dont on traite cet art, parce qu'il est de la folle vanité de dédaigner les travaux de la main. Il faut le dire, c'est un état bien pénible qui ne convient pas à des personnes qui ont peur de se fatiguer, et malgré son utilité, incontestablement reconnue, on ne lui donne aucun encouragement. Dans les campagnes de 1805 à 1815, que j'ai faites en Allemagne, en Prusse, en Pologne, en Espagne, en Russie et en France, j'ai rendu et j'ai vu rendre de très-grands services aux armées par des Maréchaux-ferrants courageux, qui concevaient les devoirs qu'ils avaient à remplir; ils sacrifiaient souvent leur vie et leur repos pour la conservation des chevaux de leur régiment. Il a été remarqué par des généraux, colonels, capitaines, des officiers de cavalerie et d'artillerie, que des régiments n'avaient conservé des chevaux que par le savoir-faire, la vigilance et le dévouement de leurs Maréchaux-ferrants, et que d'autres n'avaient fait des pertes considérables en chevaux abandonnés que par le manque de fers aux pieds, occasionné par l'inexpérience de jeunes Maréchaux et le peu de courage de certains autres. Si des récompenses avaient été ou étaient données à ceux qui ont rempli et qui remplissent leurs services, l'émulation gagnerait et encouragerait les jeunes Maréchaux à prétendre à cet honneur. Malheureusement le Maréchal-ferrant, occupé à forger et à ferrer, n'est regardé que comme un manœuvre, et dès-lors, lui et son ouvrage sont ravalés. Voilà cependant où en sont réduits les hommes dont les travaux utiles servent, secondent notre industrie et notre agriculture; ce travail dur et pénible, pour armer de fers les pieds des chevaux, qui contribue à former, à faire marcher des masses de cavalerie, d'artillerie, ainsi que les carrosses des grands, des empereurs et des rois, etc.....

Que le gouvernement réfléchisse sur l'art de la maréchalerie. La gloire et la perte d'un empire dépendent souvent, dans une grande bataille, d'une charge de cavalerie. En 1813, à la retraite de Leipsick, à Mayence, on a abandonné vingt mille chevaux faute de ferrure; s'ils avaient été ferrés, on les aurait conservés; il serait possible que cette force réunie eût pu changer les opérations de la campagne de 1814 et empêcher l'ennemi d'entrer dans Paris.

Voilà des faits incontestables.

A Iéna, le 14 octobre 1806, on se battait depuis six heures du matin, sans avoir aucun succès; le prince Murat arrive à 4 heures sur le plateau avec trente régiments de cavalerie; la charge est ordonnée sur toute la ligne : une heure après, l'armée prussienne était anéantie, et le royaume de Prusse tombé au pouvoir des vainqueurs. Nous étions d'avant-garde jusqu'à Berlin; nous ramassions quantité de chevaux abandonnés par l'ennemi, qui ne pouvaient plus marcher faute de fers aux pieds.

En 1810, je faisais partie de l'escorte de M. le général Girard. A l'expédition de Rouda, à Gibraltar, nous nous retirions à travers cette chaîne de montagnes rocailleuses, entourées de tous côtés par l'en-nemi; le cheval de M. Aubry, chef de l'état-major de la division, se déferre à l'arrière-garde; il lui était impossible de marcher pieds nus. Pendant que je lui attachais un fer à cinq ou six clous, les balles nous sifflaient aux oreilles; le temps de remettre mes outils dans mes saco-ches et de remonter sur mon cheval, la poignée d'un de mes pistolets placés dans les fontes fut brisée. Cela s'est renouvelé dans la même journée. Dans ces retraites désastreuses et précipitées, j'ai plusieurs fois reçu les louanges de mes chefs pour les dangers que j'ai courus pour ne pas laisser un cheval en arrière, faute de fers aux pieds.

C'est sans vanité que je rappelle ces faits. Pour récompense de tant de services rendus à ma patrie, j'ai obtenu mon congé au licenciement de la Loire, n'ayant pas un centime de pension.

Cependant nous avons contribué à la gloire de la France en fai-sant marcher les chevaux qui ont porté, conduit la cavalerie, l'artillerie et les grands capitaines à l'immortalité.

Les Maréchaux-ferrants sont des hommes indispensables dans la cavalerie et l'artillerie. Si l'empereur Napoléon avait conçu la pensée d'établir des écoles spéciales de maréchalerie dirigées par des professeurs capables de pratiquer et d'enseigner eux-mêmes, le ferretier, le brochoir à la main, admettant auprès d'eux de jeunes Maréchaux que le sort du recrutement appelle au service militaire, qui n'ont pas achevé leur apprentissage, ou bien qui n'ont pas assez d'expérience dans leur profession pour leur confier en campagne les chevaux d'une compagnie ou d'un escadron, ils auraient appris dans cette école à forger, à ferrer, à faire les clous à cheval *, les outils, et à forger des fers, des clous de réserve pour approvisionner l'artillerie et la cavalerie.

Voilà des preuves à l'appui de mon raisonnement :

Le régiment étant en remonte à Metz après la malheureuse campagne de Russie, je fus invité par des officiers commandants d'artillerie, à faire forger et ferrer des jeunes soldats qui arrivaient de leur pays, et ensuite leur rendre compte des plus capables : sur dix qui se disaient Maréchaux-ferrants, il n'y en avait pas un seul capable de pouvoir être reçu. Il a fallu cependant en accepter... il n'y en avait pas d'autres; aussi les suites en ont été funestes en revenant de Leipsick, par l'abandon forcé d'un grand nombre de chevaux qui sont restés ou péris, ne pouvant plus marcher faute de ferrures.

Ouvriers maréchaux, vous vous rappellerez, si vous êtes appelés à faire ce service, que c'est un travail dur et pénible que d'entretenir de ferrures cent à cent cinquante chevaux en campagne; il faut que le Maréchal passe bien des nuits à forger des fers et des clous, s'il est dans un pays où il ne peut pas s'en procurer; le jour, occupé à ferrer, aux soins à donner à son cheval, suivre avec le régiment, et se battre comme les autres si le cas échéait. Nous avons

---

* Etant en campagne, dans un pays où il est impossible de s'en procurer, il est de toute nécessité que le Maréchal sache faire les clous à cheval

eu au régiment trois Maréchaux-ferrants tués en présence de l'ennemi, étant en Espagne. A Iéna, j'ai eu mon cheval blessé; il mourut dans la soirée. A la bataille d'Alboira, mon cheval tué et moi blessé légèrement.

A la retraite de Campo-Mayor, les Anglais me prirent moi et mon cheval : une heure après, je m'échappai de leurs mains, et je rejoignis le régiment sous les murs de Badajoz.

Si je me suis écarté de mon sujet, c'est pour faire voir l'utilité de la maréchalerie, et que les hommes courageux qui l'ont pratiquée et ceux qui l'exercent encore méritent aussi la reconnaissance du pays.

Le Maréchal-ferrant doit avoir la main et le coup-d'œil justes; les architectes, les mécaniciens, se servent de règles, de compas, de niveaux, d'équerres, et autres instruments pour prendre leurs mesures. Le Maréchal ne se sert d'aucune de ces mesures; cependant il faut qu'il évite de faire boîter le cheval, que les suites d'une piqûre ou de toute autre erreur dans l'opération de la ferrure pourraient le mettre hors de service et le conduire à Montfaucon.

FER A EMPLOYER

POUR FORGER LES FERS ET LES CLOUS A CHEVAL.

Avant de forger, vous devez vous assurer si le fer que vous allez employer est de bonne qualité pour forger le fer à cheval, qui reçoit huit étampures évasées qui occasionnent souvent à faire crevasser ou casser les fers sur les bords en dehors. Il doit être liant, sans être trop doux; on le reconnaît à la cassure de la barre : celui qui a le grain noir et aciéré, il faut le rejeter; il casserait ou il crevasserait à l'étampure en l'ajustant, et, étant posé au pied, il finirait par casser avant d'être usé; les clous bons aux caboches, le charbon que vous avez employé perdu, les débris des fers bons à faire des quartiers; le retard que cela vous fait éprouver, le mécontentement de la pratique, qui se plaint que les fers cassent, il faut éviter de pareils désagréments.

Le fer du Berry, le bon fer de roche, la ferraille plate, les vieux cercles de roues sont en usage à Paris : on fait aussi des lopins de tôle pour forger des fers; ces espèces de fers s'usent très promptement sur le pavé. Le fer dit *de bâtiment* ferait un mauvais usage à l'employer seul à forger le fer à cheval; il faut le mélanger avec d'autres d'une qualité supérieure. Les clous à cheval doivent être forgés avec du fer de première qualité; les clous fabriqués à la mécanique sont bien faits : le fer n'étant pas assez corroyé dans les lames, cela leur fait perdre la supériorité des clous façonnés par la main de l'ouvrier qui corroie le fer en attirant les lames avec le marteau, qui est, je pense, la meilleure fabrication.

A Paris, les chevaux marchent continuellement sur le pavé; il est donc nécessaire d'avoir des clous faits avec du bon fer bien corroyé. Il doit être souple et nerveux pour résister aux chocs qu'il rencontre à chaque instant. Les clous à glace, devant avoir les têtes élevées au-dessus des étampures, seront aussi fabriqués avec du bon fer. On emploie souvent du fer inférieur pour ces sortes de clous; les têtes cassent au collet. Pour retirer les lames qui sont restées dans les pieds, si vous ne pouvez pas les avoir par l'étampure, vous les repoussez pour les faire sortir par l'ouverture des rivets; les lames étant plus fortes à l'encollure, il en résulte que, pour les arracher, vous occasionnez des déchirures à la corne de la muraille, et l'élargissement des trous par où ont passé les lames jusqu'aux rivets.

C'est précisément pourquoi il y a beaucoup de mauvais pieds, pendant le temps des glaces, qui ont occasionné de mettre quantité de clous.

Le fer le meilleur de l'Europe est celui de Suède.

CHARBON DE TERRE ET DE BOIS

POUR LA FORGE.

On peut chauffer, souder le fer avec toute espèce de charbon. Le meilleur charbon de terre de la France est celui tiré des mines de Saint-Étienne, dans le Forêt. Les charbons de bois les meilleurs pour la forge sont ceux faits avec le bois de pin et celui de racines de plantes aromatiques, etc.

Nous avons souvent fait du charbon étant aux armées avec toute espèce de bois.

A Olivenza, frontières de Portugal, la nécessité nous a forcés à brûler les boiseries des maisons pour faire de la braise, qui nous servait à forger des fers et des clous. Le charbon de terre le meilleur de l'Europe est celui de l'Angleterre.

DE LA FORGE, DE SES ACCESSOIRES,

OUTILS ET INSTRUMENTS DU MARÉCHAL — FERRANT.

Nous commencerons par la forge. Il en est de simples et de doubles ; l'âtre est faite avec de la brique ou de la pierre ; elle est élevée du sol de 85 centimètres environ. Pratiquez une voûte en dessous de l'âtre pour y déposer le mâchefer ; la longueur de l'âtre de la forge simple est d'un mètre trente à quarante centimètres ; l'âtre à forge double est de deux mètres cinq à dix centimètres ; une auge en pierre ou en fonte de fer doit être placée au milieu, sur le bord du mur au-dessus de la voûte, et être un peu élevée pour préserver les outils et le mâchefer de s'y plonger. Une bande de fer de huit centimètres de largeur, scellée dans la muraille de chaque côté doit la maintenir et l'entourer pour éviter la dégradation. Il faut aussi les construire selon l'emplacement et l'espace du terrain.

Le contre-mur est fait avec de la brique ou bien d'une plaque en fonte de fer, entourée d'une bande de fer ployée carrément en haut, et scellée au bas du foyer; il est pratiqué au bas une ouverture pour placer la tuyère au milieu, au bas du fourneau, de manière que le vent passe en dessous du lopin que l'on veut chauffer; évitez de placer la tuyère trop haute, cela occasionnerait de brûler beaucoup plus de charbon et chaufferait le fer moins promptement. Le foyer doit être en forme de sébile ovale coupée; sa concavité doit être de dix à douze centimètres sur cinquante à soixante centimètres de diamètre. Lorsque le feu a ruiné la plaque de fonte de fer ou détruit les briques, la première doit être changée de position ou renouvelée si elle est usée; les briques, liées avec du mortier de terre à four, seront remplacées. La tuyère est une masse de fer ou de fonte de fer équarri, pour recevoir le tuyau du soufflet par une sorte d'entonnoir dont la plus grande ouverture est de huit à dix centimètres de diamètre; l'autre trou, ou orifice, par lequel sort le vent dans le foyer, est réduit de vingt à vingt-quatre millimètres (dix lignes environ). Par ce trou le vent se porte dans la concavité du foyer, à deux centimètres huit millimètres (un pouce environ) plus haut que le lieu le plus cavé du foyer. La tuyère doit être légèrement inclinée pour éviter de se trouver bouchée par la crasse du fer chaud; la hotte de la forge est soutenue par des bandes de fer scellées à la muraille et rejoignant le plancher qui soutient par en bas le pourtour de la bande de fer, qui doit recevoir et maintenir le plâtre qui doit former la hotte et diriger la fumée vers le tuyau de la cheminée; elle doit être à hauteur au-dessus de l'âtre, de 80 à 85 centimètres, dans l'aplomb des rives de l'âtre, et inclinée en arrière jusqu'au plancher.

Le soufflet à l'usage des maréchaux est composé de trois planches chantournées en forme de raquette sans manche; chaque planche a 45 millimètres d'épaisseur; la longueur et la largeur sont idéales; la table de dessus et celle de dessous sont mobiles; la troisième, qui est dans l'intérieur, est immobile et placée entre les deux autres, ayant ici deux âmes; le reste est formé par le cuir; la tête est un bloc de bois taillé carrément, percé de part en part; ce tronçon ou bloc est carré; une plaque de tôle couvre le devant pour le préserver de la chaleur du foyer; à la planche du milieu est une rainure au bout de la table, qui pénètre dans une mortaise creusée dans la tête et maintenue par des chevilles; ces deux pièces sont assemblées, stables et incapables de mouvement; la table en dessus est tenue à la tête; elle est mobile, comme la table inférieure attachée à la tête par des charnières de fer incrustées dans le bloc et recouvertes d'un cuir qui les cache entièrement; entre la table du milieu et celle de dessous sera le centre interne du trou dont est percé le bloc pour recevoir le tuyau qui livre passage au vent. Ce tuyau est dans les proportions du soufflet; il ressemble à un cornet coupé au trois quarts de sa pointe; il est en tôle ou en cuivre soudé (ou brasé); il est fixé et retenu par des clous à la tête; l'intervalle entre le fer et le bois, et ainsi que les assemblages des tables, est garni avec des nerfs de bœuf échambrés, collés avec de la colle forte et mélangés avec du blanc de Troyes, ce qui forme un mastic capable de résister à la chaleur et interdir au vent tout autre passage que celui du tuyau. La barre de charge traverse la largeur et sert à maintenir les poids avec quoi on charge le soufflet; elle est attachée par trois boulons à écrous. Celui du milieu présente un anneau où il est attaché une corde qui passe dans une poulie fixée au plancher pour maintenir élevé le soufflet, lorsqu'il est au repos. La seconde barre est placée auprès des charnières; elle doit être forte et attachée de même avec des boulons à écrous. La table inférieure est assemblée avec la tête de la même manière que la première; elle a aussi deux barres semblables à celle de dessus, hors l'anneau.

2

Le crochet double que représente cette forme (— est soudé au milieu de la plate-bande en fer qui contourne le derrière de la barre attachée avec de petits boulons à écrous ; ce crochet doit avoir dans sa tige seize à dix-sept centimètres de saillie pour éviter le frottement de la chaîne contre le cuir au derrière du soufflet. Entre la petite barre et la barre où est attachée la plate-bande du crochet est une ventouse selon la dimension du soufflet à laquelle s'applique une planchette de bois revêtue de peau de chat ; le poil est du côté du battement qui a lieu sur la table. Cette valvule est tenue avec des morceaux de cuir ; elle est attachée intérieurement sur le bord ; elle est retenue par une lanière aussi en cuir, arrêtée par deux clous à la table, dans l'intérieur ; elle lui sert de bride, ne lui laisse que cinq à six centimètres de jeu. La table du milieu est immobile ; elle est soutenue par l'essieu qui se prolonge de chaque côté en dehors en deux tourillons de quatorze à quinze centimètres, attachés à la table immobile par des boulons à écrous ; cette table a aussi une ventouse qui ne diffère en rien de celle de la table en dessous ; les attaches de celle-ci sont à la rive qui répond à l'arrière et opposé à la position de l'autre ; le cuir de vache, passé à l'huile et cloué près à près dans tout le contour des tables, avec une double bande de cuir clouée avec des clous à large tête. Les cerceaux sont des espèces de cadres en bois ; ils sont attachés au cuir par le moyen de quelques clous qu'on appelle boutons ; ils servent à maintenir le cuir entre les deux tables mobiles, qui sont partagées par la table immobile ; ils tiennent aussi à la tête par de petites lanières de cuir fixées par des clous ; il en est deux entre la supérieure et la table immobile, et un seul entre la table immobile et l'inférieure ; on espace ses clous de douze à quinze centimètres ; ils sont tous garnis en dessous de la tête par une rondelle en cuir dont la tige du clou traverse pour rejoindre et se fixer dans le bois des cerceaux. Ce soufflet est posé d'un côté par un des deux tourillons dans un trou fait au mur avec une virole à l'entrée dans quoi pénètre le tourillon ;

du côté en dehors, l'autre tourillon entre juste aussi dans un trou pratiqué à une barre en fer qui est attachée au plancher, et vient tomber d'aplomb pour correspondre avec celui pratiqué dans le mur. La tête du soufflet est appuyée sur un morceau de bois carré scellé dans le mur, à la hauteur à pouvoir passer dessous sans être obligé de se baisser; une bride en fer ployée carrément et passée en dessus de la tête, la tient serrée par le moyen de clous qui l'attachent au morceau de bois carré scellé dans la muraille; une traverse en fer scellée au-dessus du derrière du soufflet, d'un côté au mur, de l'autre en dehors à un support aussi en fer attaché au plancher; au milieu de cette traverse est un trou où passe un tourillon mobile à deux branches; dans un trou plat, en haut de la tige du tourillon, passe une clavette et le maintient suspendu à la traverse; à chaque bout des branches du tourillon est un trou où passe un petit boulon; il est retenu d'un côté par la tête, et de l'autre par une petite clavette qui passe par un trou plat qui est au bout du petit boulon; au milieu des deux branches du tourillon passe un des bouts de la bringue-balle (la branloire) qui le dépasse de la même distance du crochet double, pour tomber d'a-plomb et correspondre par la chaîne qui est accrochée en haut à la branloire et en bas au crochet double qui supporte aussi le poids pour agir à faire baisser la culée.

La bringue-balle est une barre en fer façonnée, de deux mètres vingt-cinq à trente centimètres de longueur, percée au bout, du côté où elle entre entre les deux branches du tourillon, elle se fixe et s'appuie sur le petit boulon par le moyen des encoches faites à cette barre, dont une pénètre sur le petit boulon, la maintient et lui donne le ba-lancement convenable; de l'autre bout de la bringue-balle est un petit crochet pour recevoir le premier chaînon de la chaîne qui sert à faire mouvoir la branloire; cette chaîne est terminée par une poignée en bois et tombant à la direction de l'angle de la forge, de manière que l'ouvrier qui tisonne le feu peut toujours l'avoir à la portée de sa main.

Le mécanisme de ce soufflet sert à faire lever la culée; celle-ci en s'abaissant ensuite, l'air ne rencontre d'autre entrée que celle que lui offre la ventouse, dont il soulève la valvule, pénètre dans la seconde capacité et ne peut s'en échapper que par une seule issue qui est celle du tuyau qui correspond dans la tuyère; ainsi la culée se remplissant et se vidant par le tuyau au moyen de l'abaissement des deux tables celle de dessus et celle de dessous.

A l'effet de juger de la bonté d'un soufflet, on bouche le trou de la tuyère, on tire légèrement le soufflet, car le meilleur pourrait céder à une masse d'air trop considérable dans une épreuve long-temps continuée; il faut ensuite examiner le cuir s'il a assez de souplesse, si le vent ne se fait pas jour nulle part, s'il n'est pas de frottement, si la table est assez chargée, si le poids relève le bras du tireur, enfin si la position de la table du milieu est bien d'aplomb et horizontalement placée, etc. Ce mécanisme, qui est en fer, peut se faire en bois; on peut aussi placer le soufflet droit et en plein vent en face du foyer quand le terrain le permet; c'est la meilleure manière pour obtenir une chaufferie supérieure.

Il est nécessaire de maintenir la souplesse du cuir en le huilant avec de l'huile de poisson et le dégras.

L'*Enclume* doit être placée en avant selon la disposition de la forge, si elle se trouve au-dessus d'une voûte; il faut établir une pile de pierres dans la cave jusqu'à la voûte pour maintenir et se préserver d'accidents. Elle doit être à un mètre de distance de la forge, placée sur le billot qui la porte, et qui est entré dans la terre de la profondeur au moins d'un demi-mètre. La table de l'enclume à l'usage des Maréchaux doit être légèrement bombée; l'un des bras est rond et diminue en pointe jusqu'au bout de la bigorne; l'autre bras est carré plat de la largeur de la table; tous les deux sont plus nourris qu'allongés. L'enclume placée sur le billot doit être élevé de 70 à 75 centimètres (enfin à la portée de l'ouvrier). Elle doit être d'aplomb sur le billot; un gougeon en fer la fixe au milieu en dessous qui entre dans le billot et dans l'enclume. A la droite du forgeur est le bras carré (ou saye); à la gauche, la bigorne. Il est des enclumes en fonte de fer : elles sont cassantes comme toutes les pièces fondues; celles qui sont en fer forgé sont préférables; les mises qui composent cette masse doivent être bien soudées; la table, les bras bien acérés; les mises disposées en carreaux d'acier doivent être soudées debout, et tout ce qui compose la masse totale doit être parfaitement soudé. On peut le reconnaître en frappant sur toutes les faces avec un marteau qui doit en tirer un son égal, et non un son timbré qui dénoterait qu'elle serait pailleuse.

Pour différents travaux concernant les outils, une petite bigorne allongée des deux bras, emmanchée dans un billot ambulant, est bien commode; un étau est indispensable, malgré ce qu'en ont dit les Anciens de ne pas en avoir placé et arrêté inébranlablement à un établi pour assujétir, limer les fers, les instruments qu'on peut avoir à réparer et à polir. Les instruments qui doivent être sur l'âtre de la forge pour être toujours à la portée de la main sont les tisonniers pointus et crochus, la palette, les tenailles à mettre au feu, les tenailles justes et goulues; l'écouvette doit être placée dans l'auge, de chaque côté du billot de l'enclume; les étampes à gauche du forgeur, les tranches à droite, le ferretier sur l'enclume, les marteaux à frapper devant en avant de l'enclume; tous les marteaux et tenailles de réserve doivent être aux rateliers, le billot à contre-percer les fers doit être pourvu à l'entour de plusieurs poinçons de rechange; le poinçon, le marteau spécial à contre-percer doivent être sur le billot; dans un coin auprès du billot, un cornet en fer rempli de graisse (ou cambouis) pour graisser les poinçons à contre-percer et à déboucher les fers lorsqu'ils sont ajustés.

Les marteaux à battre devant, les marteaux à mains, les ferretiers, les refouloirs doivent être emmanchés avec du bois de houx ou du cornouiller : ces espèces de bois avertissent long-temps avant de casser ; les étampes, les tranches à froid et à chaud sont emmanchés avec du bois de chêne ; les marteaux à frapper devant, les ferretiers les refouloirs, les étampes, les tranches, les poinçons, etc., doivent être acérés en bon acier de Hongrie.

ACCIDENS QUI PEUVENT APRIVER EN FORGEANT.

LES ÉVITER, S'IL EST POSSIBLE.

Éviter de crever le soufflet par une rognure de fer froid ou chaud qui pourrait être lancée par la tranche, couper le cuir, et mettre le soufflet hors de service jusqu'à ce qu'il soit réparé ; éviter de le monter lorsque la tuyère est bouchée, la masse de l'air renfermée ne trouvant pas assez d'issue pour sortir, les clous ou le cuir céderaient inévitablement ; s'assurer que les marteaux soient emmanchés solidement ; visiter les tenailles si elles ne sont pas cassées ; si les étampes ne sont pas émoussées et bien emmanchées ; les tranches, les poinçons en bon état ; éviter que les marteaux ne se rencontrent : vous pourriez vous blesser. A cet effet, vous recommanderez au frappeur de bien retirer ses bras après avoir frappé ; de même, le forgeur doit diriger son ferretier de son côté ; le frappeur évitera de frapper après le congé donné. Quand le fer est chaud à souder, il faut frapper à petits coups, ne pas donner les coups de marteaux à faux, ni sur les mors des tenailles ; vous courreriez les dangers de vous voir sauter le fer et les tenailles à la figure, enfin éviter de vous brûler le moins possible ; se présenter à la forge et à l'enclume avec grâce se tenir droit et d'aplomb, avec souplesse, la tête droite et les yeux fixés sur votre ouvrage.

POUR APPRENDRE A FORGER.

Cet art ne peut s'apprendre que par la pratique ; la théorie est impuissante pour l'exécution de ce pénible travail. Cependant, l'action pratique, étant accompagnée des connaissances anatomiques du pied du cheval, etc., donnera au Maréchal-ferrant à se pénétrer dans cette opération, et à se préserver des accidents par la raison la plus éclairée *.

Pour apprendre à forger, il faut accoutumer sa main et son poignet au maniement des tenailles, du ferretier et autres outils dont on se sert pour forger. Prenez les tenailles de la main gauche, entenaillez un morceau de plomb en forme de lopin, selon la force et la grandeur du fer que vous voulez faire ; le morceau de plomb ne doit pas dépasser en longueur 17 à 20 centimètres ; il doit être un peu méplat ; entenaillez ce lopin, posez-le sur l'enclume, frappez avec le ferretier que vous tenez de la main droite, tournez ce lopin sur tous les sens que l'on nomme dégorger, c'est-à-dire frapper sur le côté en dedans, et contre-forger veut dire frapper sur le côté en dehors ; continuez ces exercices jusqu'à ce que la main gauche soit accoutumée à tourner les tenailles, à lâcher et à reprendre le lopin qui doit glisser et jouer dans les mors des tenailles, sans être abandonné qu'à la fin de la chaude donnée ; la main droite doit tenir le ferretier et frapper à propos, pour que les coups portent également et d'aplomb sur le fer, ou le plomb, et lui donner, en l'allongeant, la forme d'une première branche. Vous prenez cette branche, toujours avec les tenailles, vous allongez le reste du lopin, frappant à plat et en dégorgeant, ayant

* Voyez l'anatomie du pied par les professeurs vétérinaires.

bien soin de tourner le poignet pour lui donner la tournure et avoir
plus de facilité pour monter à cheval ; cela veut dire de frapper sur le
côté de la brauche qui est en l'air, pour rapprocher les deux branches
qui donnent la forme au fer. Ensuite, on met le fer à plat sur l'enclume pour l'unir, en suivant les coups régulièrement ; vous donnez
congé par le signal d'un léger coup de ferretier sur l'enclume, pour
que le frappeur doive cesser de frapper ; vous portez le fer à la bigorne
pour unir les bords et lui donner la tournure convenables ; ensuite vous
le mettez à plat sur l'enclume. Vous lâchez le fer et placez les tenailles sur le bord du billot qui dépasse le pied de l'enclume, pour les
avoir plus promptement à la portée de la main ; vous prenez de la main
gauche l'étampe qui est préparée et placée à gauche au pied du billot,
vous étampez, ayant bien soin de ne pas placer l'étampe ni trop à
gras ni trop à maigre (cela veut dire ni trop en dedans ni trop en
dehors), et conserver les distances entre les étampures le plus égal
possible ; il faut étamper bien à fond sans faire toucher l'étampe à
l'enclume ; après avoir fini d'étamper, vous tournez le fer, les étampures sur la table de l'enclume, pour le dresser. Il faut frapper à
petits coups sur le fer ; pour éviter d'aplatir les étampures, vous
reportez le fer à la bigorne pour faire disparaître en frappant légèrement sur les bosses occasionnées par l'étampure ; vous transportez
ensuite le fer sur le billot pour le contre-percer du côté des étampures ;
de cette manière le collet des clous pénètre à fond et tient bien plus
solidement.

Vous continuerez ces exercices jusqu'à ce que vous soyez capable
de pratiquer l'action de forger avec du fer chaud.

ACTION DE FORGER.

Pour se préparer à forger, vous placez devant vous le tablier de forge, attaché par deux ligatures à la hauteur de la ceinture, et qui vous entoure en descendant jusqu'aux pieds : c'est une peau de veau ou de mouton tannée ; elle vous préserve de brûler vos vêtements ; ensuite vous préparez le garde-feu, qui est une large bande de fer ployée sur son plat en équerre qui entoure le foyer, et préserve le charbon de se mélanger avec le mâchefer et le fraisil ; vous mouillez le charbon dans le baquet ; enfin, vous essuyez la table de l'enclume, si cela est nécessaire.

Avant de forger des fers, il faut faire des lopins. Il y a le lopin coupé à la barre, le lopin coupé aux vieux cercles de roues. Les lopins de tôle sont des vieux morceaux de tôle ployés et réunis ensemble, formant une masse ; le lopin bourru est fait avec des quartiers de vieux fers et de la ferraille plate, serrée et renfermée dans un vieux fer ployé au milieu, à plat, sur les branches, et qui tient le tout serré après l'avoir frappé à ne pouvoir s'échapper le moins possible. Pour faire ce lopin, il faut mettre des vieux fers ou de la ferraille au feu pour les faire rougir, les prendre avec les tenailles pour les porter sur l'enclume, les couper avec la tranche et les ployer avec le ferretier pour en former le lopin : quand vous êtes bien assuré du maniement des tenailles, du ferretier et de pouvoir chauffer le lopin à propos pour le souder, en forgeant, on doit former la distinction des fers moutoirs et hors moutoirs de devant ou de derrière ; la première branche doit l'indiquer par l'étampure qui se trouve un peu plus à gras que celle de la seconde branche qui doit toujours être étampée plus maigre, et un peu moins rapprochée de l'éponge que celle du dehors. Il est cependant des pieds qui nécessitent le contraire ; dans ce cas, on doit se régler à la conformation des pieds, et suivre, dans la formation des fers, la nature de l'ongle ; exactement, c'est là où sont l'adresse et la justesse du Maréchal dans l'art de forger le fer à cheval.

La force est indispensable ; mais si le courage, la volonté n'est pas dans la nature de l'homme qui veut apprendre à forger, il sera beaucoup plus de temps à acquérir le maniement des tenailles qui est la pratique la glus essentielle pour diriger le lopin entenaillé, pour le frapper, le dégorger le contre-forger, le monter à cheval, l'étamper, le bigorner et le contre-percer pendant qu'il est chaud ; ce travail doit se faire habilement. Un forgeur habile, aidé d'un bon frappeur, ayant une bonne chaufferie, peut forger six à huit fers de chevaux de carrosses à l'heure.

Les forgeurs aux pièces qui ont la routine de ce travail, forgent ordinairement cent fers en douze à treize heures.

Le degré de chaleur au lopin bourru doit être bien plus considérable qu'au lopin en barre. Lorsque la chaude a acquis la couleur blanche la plus vive, et qu'on voit couler du lopin une crasse fondue, on le prend avec les tenailles à mains pour le retirer du feu, et ensuite le présenter sur la table de l'enclume pour le forger. Évitez de passer ce degré de chaleur : outre la perte du fer et du charbon qui est brûlé, et qui reste dans le feu, les débris ne peuvent servir qu'à faire de mauvais quartiers.

Vous mettez le lopin au feu, entenaillez avec les grosses tenailles, vous chauffez le bout du lopin ; cette chaude s'appelle chaudillon (on ne la donne qu'au lopin bourru) ; elle sert à souder le bout pour éviter que l'éponge ou le crampon du fer ne soit pailleux, et donne facilité à l'ouvrier de bien s'entenailler.

On nomme première chaude celle où l'on forme la première branche ; il faut premièrement bien souder en frappant promptement sur le plat et de champ le lopin ; ayant ainsi contre-forgé et dégorgé jusqu'à ce que la branche soit suffisamment ébauchée , étant bien unie, vous achevez toujours, aidé du frappeur, pour polir cette première branche ; étant suffisamment aplatie, vous donnez congé ; si l'on veut former des crampons, on aura soin de laisser une petite masse de fer aux bouts de chaque branche, pour lever ces crampons. Dans les années où il gèle longtemps, il faut avoir la précaution de forger des fers avec plus d'épaisseur aux éponges, et laisser ces éponges un peu plus longues pour lever les crampons à glace.

Cette branche étant dans cet état, vous quittez le ferretier pour prendre les tenailles à deux mains en serrant fortement le reste du lopin, que vous faites agir en l'air en frappant avec le bout de l'éponge sur l'enclume pour la refouler ; vous bigornez, vous étampez deux trous pour un fer à devant, et trois trous pour un fer à derrière. La seconde branche est chauffée, forgée, façonnée et bigornée de même ; il n'y a de différence que pour dégorger en levant la main des tenailles, pour donner la tournure au fer, et faciliter le forgeur pour monter à cheval ; ayant poli et bigorné le fer, le forgeur le pose à plat sur l'enclume pour l'étamper, en conservant une distance égale aux étampures les unes des autres (les semées), pour éviter que les lames de clous étant trop rapprochées ne fassent éclater la corne.

Les étampures éloignées facilitent les moyens de maintenir et d'assurer parfaitement le fer.

Le forgeur redresse le fer qui se trouve désuni après l'avoir étampé, il le bigorne de manière à bien conserver carrément les étampures ; si elles étaient aplaties, le collet des clous ne pourrait plus se loger ; cela ferait une mauvaise ferrure.

Lorsque le fer est bigorné, vous le placez à plat sur le billot, l'étampure en dessus pour le contre-percer avec le poinçon, de manière à ne faire l'ouverture juste que pour y laisser passer les lames de clous jusqu'aux collets.

Les contre-perçures évasées font allonger les rives, occasionnent le cheval à se couper, aux fers à claquer, et finissent par se perdre.

Pour refouler les éponges, on les fait chauffer les unes après les autres ; évitez de chauffer la branche, l'éponge serait difficile à refouler ; les cornes en dehors de chaque éponge doivent être un peu moins prolongées que celles de dedans ; étant ainsi, le cheval aura moins l'occasion en remisant de marcher dessus. On lève les crampons sur la table de l'enclume, à la bigorne ou au saye ; évitez de les couper en les asseyant sur les branches, ou en les levant à la carre de l'enclume ; le bas du crampon doit être assis de la largeur de l'éponge ; le haut doit être un peu plus étroit pour faciliter l'entrée et la sortie entre les pavés et les grilles.

Les crampons à oreilles de chat diminuent par en haut en pointe ; ils sont tordus et ne se mettent en pratique qu'au temps des glaces. On soude aussi un crampon en pince que l'on nomme grappe. Par le moyen d'un morceau de fer ou d'acier coupé carrément, on fait entrer un des angles qui est froid, à coups de marteau, dans la pince du fer qui est chaud, pour y être soudé ; ensuite, placez le fer dans le feu, la grappe en dessus ; le degré de chaleur étant arrivé, poudrez la grappe avec du sable blanc pour lui donner plus de facilité de souder ; vous retirez le fer du feu, la grappe en dessus. Vous aurez bien soin, étant sur l'enclume, de souder les deux angles (ou cornes) de chaque côté, la solidité de la grappe dépend de cette soudure ; de cette même chaude vous attirez le pinçon et vous ajustez le fer.

Il est aussi des crampons postiches que l'on visse dans la pince des fers : on peut ôter ces crampons en les dévissant et les remettre à volonté, par le moyen d'une petite clef qui entre carrément dans la grappe ; pour visser cette grappe, vous faites un trou rond au milieu de la pince du fer que vous taraudez ; et ensuite la tige de la grappe, que sa longueur ne dépasse pas l'épaisseur du fer. Quand vous l'ôterez, il faut la remplacer par un clou à vis à tête plate et fendue, pour pouvoir le visser et le dévisser avec un tourne-vis. Ce clou préservera la terre ou les cailloux de le boucher.

On nomme le pinçon une languette qu'on attire des bords en dehors du fer, communément en pince des fers à devant et à derrière; ce dernier en a souvent un de chaque côté des branches, plus rapprochés des mamelles de la pince que des éponges; on observera de ne pas les couper en les attirant à la carre de l'enclume, ni de leur donner par trop d'élévation : ils casseraient ou ils ploieraient, la paille se logerait entre l'écartement et le sabot. Je conseillerais de les faire courts et forts, plutôt que minces et allongés, dans le cas où le fer viendrait à se déranger par la perte de quelques clous, soit d'un côté ou d'un autre, et tournant sur le pied. Le pinçon pénètre dans la sole, et, plus il est long, plus il est dangereux de faire du ravage dans les parties charnues du pied; les pinçons maintiennent les fers avec plus de solidité, empêche les fers de monter sur la sole de la pince et préservent aussi l'ébranlement des clous. Les charnières des fers brisés (à tous pieds) se font avec le ciseau et le burin; le trou se fait à chaud ou avec le foret, le reste avec la lime. Les fers à simple brisure se font avec une étampe ronde-plate, qui forme les encoches, un rivet à double tête plate rejoint les branches et les lie au milieu de la pince. Les fers à tout pied sans étampure, et qui sont maintenues aux pieds par des courroies : on étire des rives du bord en dehors du fer des sertissures, qui le fixe et le préserve de varier ni à droite ni à gauche; ces espèces de fers ne s'appliquent qu'a des pieds malades ou bien encore à un cheval qui se déferre, pour préserver l'ongle de s'abîmer dans la route qu'il a encore à parcourir, avant qu'on puisse lui attacher un fer convenable à son pied.

On peut forger à trois ou à quatre marteaux, selon le volume des lopins ou la volonté du forgeur, etc.

L'utilité de savoir faire tous les outils utiles à la maréchalerie est indispensable aux maréchaux de la campagne, de la cavalerie et de l'artillerie.

INSTRUMENTS POUR FERRER LES CHEVAUX.

Le *Brochoir* est un marteau bien façonné, emmanché solidement, avec deux clavettes à tête qui pénètrent dans l'œil; ces têtes sont rivées en rabattant en avant, et de chaque côté de ce même œil, les lames recouvrent le manche à moitié; elles sont attachées par deux rivets; les rivures pénètrent dans les trous fraisés des clavettes qui sont polies. La longueur du manche est de 35 à 38 centimètres; il doit être en bois de houx. La poignée se termine par une espèce de bouton allongé.

Le *Boutoir* est un instrument tranchant. La lame doit être mince et bien égale; cependant il est nécessaire qu'elle ait assez de force pour résister à parer la corne dure, les deux bords de chaque côté sont relevés de 3 à 4 millimètres et forment gouttière; la largeur est de 5 à 6 centimètres; sa longueur est idéale de 8 à 17 centimètres. De cette lame commence la tige qui passe en dessous des doigts qui sont appuyés à une autre tige qui prend naissance dans la première; elle est aplatie et recourbée jusqu'à la virole, faisant face au-dessus de la première; l'intervalle entre les deux tiges est pour y placer et préserver la main en poussant le boutoir. La *Soie* se trouve à la suite pour recevoir le manche qui est en bois dur; il est garni d'une virole d'un bout et de l'autre de la rivure de la soie.

Les *Triquoises*, que d'autres appellent communément *Tenailles*; elles ne diffèrent de celles-ci que par les mors qui sont tournés en cœur, et se rejoignent par un fort rivet; le taillant sert à couper les pointes des clous, à soulever les vieux fers, à arracher les clous coudés, les caboches, et les côtés des mors à relever les rives; le bout des branches se termine en pointes arrondies, ou en olives : elles servent à maintenir le fer pour le faire porter sur le pied.

La *Râpe* doit être en bon acier, piquée exprès pour ce genre de travail. Elle ne doit avoir que 38 à 40 centimètres de longueur compris le manche.

Le *Rogne-pieds* est un morceau de sabre de 25 à 30 centimètres de longueur. Les lames de cavalerie sont préférables.

Le *Repoussoir* est un petit poinçon de 10 à 12 centimètres de longueur, terminé en pointe, plus plat que carré; il sert à repousser les caboches et les souches (vieux clous sans tête qui restent dans la muraille).

Le *Tablier à ferrer* est façonné en cuir. Il a trois poches de chaque côté, articulées les unes au-dessus des autres. A gauche, la 1re contient les clous affilés; la 2me contient les triquoises; la 3me le rogne-pieds, et à l'angle de la grande poche un petit fourreau pour y placer le repoussoir. A droite, la 1re, les caboches et le brochoir; la 2me, le boutoir; la 3me, la râpe.

Le *Plastron*, aussi en cuir, qui garantit le ventre en poussant le boutoir, est lié et maintient les poches; deux courroies y sont attachées, dont une avec une boucle à ardilles, qui l'assujettit à l'entour de vous, et par-dessus le tablier de forge, à la hauteur de la ceinture.

On se sert aussi d'une *Sellette* en bois montée sur trois pieds; elle est ronde ou carrée, ayant un bord élevé de 4 à 5 centimètres à l'entour de la table, qui a deux compartiments; l'un pour les caboches, l'autre pour les clous affilés. Les instruments sont aussi placés sur cette table.

La *Reinette* à parer les pieds (couteau anglais). Elle est en usage depuis longtemps à Paris ; elle est commode et moins dangereuse que le boutoir pour bien couper la corne. Cette sellette évite à l'ouvrier de porter le tablier à ferrer.

Le *Billot* ou *Bock*, en manière de chèvre, est un morceau de bois carré ou demi-rond, ayant d'un bout une tête pour y placer le pied pour le râper ; deux trous en dessous de cette tête reçoivent deux pieds aussi en bois, qui sont posés en arc-boutant pour le maintenir et éviter le renversement que pourrait lui occasionner le cheval ayant son pied dessus ; la longueur de ce bock est de 70 à 75 centimètres ; les pieds doivent élever la tête de ce billot de 40 centimètres ; trop d'élévation gênerait le cheval. (Il y a 31 ans que nous avons importé cette méthode d'Allemagne.)

L'ancien billot, c'est un morceau de bois carré de 10 à 12 centimètres. Il est dangereux de s'en servir pour râper. J'ai connu plusieurs ouvriers qui ont été blessés par les chevaux en se servant de cet instrument.

IL EST UTILE

Que le Maréchal-Ferrant connaisse les parties de l'Ongle, le Sabot, le Pied, cela ne diffère en rien.

« On nomme la couronne la partie supérieure du sabot.

» La fourchette, les arcs-boutant et la sole sont la partie « inférieure.

« La pince est la partie antérieure.

« Les mamelles de la pince, désignées de mamelle en dehors et de » mamelle en dedans, l'une à droite, l'autre à gauche de la pince.

« Les talons la partie postérieure.

« Les quartiers entre les talons et les mamelles , un en dedans et
» l'autre en dehors.

« La muraille ; c'est sur cette partie que le fer est posé et cloué,
» et dans quoi les lames des clous passent en les brochant *.

---

*Celui qui opère la Ferrure doit connaître les parties molles ren-
fermées dans l'intérieur de la boîte du sabot. D'après les célèbres
Vétérinaires qui ont donné la désignation de ces parties, elles
sont :*

« La chair de la couronne : la muraille de corne la recouvre à l'in-
» sertion du poil.

« La chaire cannelée : elle reçoit le prolongement de la corne en
» dedans de la boîte du pied.

» La sole charnue est recouverte par la sole de corne.

» La fourchette charnue est recouverte par la fourchette de corne ;
» elle est spongieuse et élastique (ce qui explique pourquoi on met
des fers à planche).

» L'os du pied, articulé avec la noix.

» Une partie de l'os coronaire, recouvert par la corne de cette
» partie.

» L'os de la noix (ou petit sésamoïde). Il fait partie de la der-
» nière articulation.

» Leurs ligaments , qui maintiennent et terminent le dernier pha-
» langien.

» Leurs capsules, qui contiennent la synovie, liqueur qui ressemble
» à de l'huile, et contribue au mouvement des articulations.

» La terminaison des tendons à la suite des muscles.

* Voyez la Planche Ire.

3

» **Les artères** qui reçoivent le sang du cœur.

» **Les veines plantaires,** une à droite et l'autre à gauche, qui rap-
» portent le sang au cœur.

» **Les vaisseaux lymphatiques,** destinés à la circulation de la
» lymphe.

» **Les nerfs** donnent le mouvement à toutes les parties.

» **Les glandes synoviales,** qui séparent la synovie.

» **Le cartilage** recouvre les os et les prolonge.

» **La muraille,** sur laquelle on place le fer et que l'on broche les
» clous ; elle est dépourvue de sensibilité*. »

ACCIDENTS ET MALADIES

*Qui peuvent arriver aux pieds des chevaux et dans l'opération
de la ferrure, que le Maréchal-Ferrant peut connaître et prévenir quand il est possible.*

Le clou-de-rue qui pique la fourchette charnue ou la sole charnue,
peut facilement se guérir.

Celui qui pique les tendons, les ligaments de l'os de la noix, l'ar-
tère, l'os du pied et l'arc-boutant; il est grave lorsque la matière a
gâté le cartilage.

Celui qui offense l'os de la noix et l'os coronaire, la carie s'y forme
et ne guérit pas.

L'encastelure est naturelle ou accidentelle; la naturelle ne fait
pas boîter le cheval, pourvu qu'on ne détruise pas les talons en les

---

* Pour avoir des connaissances plus étendues, voyez le *Traité du Pied*, publié
par MM. les Professeurs de l'École royale vétérinaire d'Alfort.

parant; l'accidentelle vient d'avoir trop paré les arcs-boutants et les talons; vous pouvez l'éviter.

Le pied se dessèche et se resserre pour avoir été trop paré et trop râpé; vous pouvez l'éviter.

Le pied altéré, ou sec, prévient de l'aridité du sol; il faut y mettre de l'onguent de pieds, de la fiente de vache, etc.

La foulure de la sole prévient d'un caillou ou de la terre qui a formé un mastic entre le fer et la sole; le fer qui porte sur la sole prévient que l'ajusture n'est pas convenable; si le cheval boîte, il faut le déferrer pour lui rajuster le fer. Le cheval qui marche pieds nus peut se fouler la sole; il faut éviter de le laisser déferrer.

La grande croissance des talons et des arcs-boutants fait quelquefois boîter le cheval : il faut les parer modérément, et entretenir les pieds humides avec la fiente de vache, etc.

Il faut éviter les coups de boutoirs et les coups de rogne-pieds dans la sole et la fourchette charnue.

Eviter de frapper sur l'ongle en rabattant le pinçon.

Le cheval peut se donner un étonnement de sabot en heurtant son pied à une pierre, etc.

Quand le pied a la fourmilière ou une avalure, il ne faut pas y brocher les clous dedans.

Le crapaud (ou le fic) vient dans la fourchette, se répand quelquefois dans une partie de la sole; il provient de l'âcreté du sang, ou de la malpropreté de l'écurie où loge le cheval. Cette maladie est souvent inguérissable.

A la suite de piqûres, il survient dans la plaie une croissance de chair, qu'on appelle *cerise*; il faut la détruire et la comprimer.

La fourbure tombée dans les sabots, lorsqu'elle est compliquée, la sole devient bombée et souvent elle crève. On doit éviter de parer ces sortes de pieds avec le boutoir. Cette maladie est incurable.

Le *gavart* provient souvent d'une atteinte sur la partie de la couronne ; s'il est simple, il n'attaque que la peau ; s'il est nerveux, il atteint le tendon ; s'il est encorné, il attaque le cartilage.

La forme naturelle fait rarement boîter le cheval ; la forme accidentelle provient d'un coup que le cheval a reçu ou s'est donné au-dessus de la couronne ; elle fait boîter le cheval.

La fraction des os de la noix, de l'os coronaire et de celle de l'os du pied, que le ferreur saura distinguer, en ayant recours à des connaissances plus étendues pour éviter de poser des fers aux pieds des chevaux qu'il faudrait abandonner.

Dans l'action de déferrer et de ferrer.

Il faut éviter que le tranchant du rogne-pieds n'éclate pas la corne dérivant les vieux clous.

En soulevant les éponges des vieux fers, évitez de faire pénétrer les mors des triquoises dans la sole, les talons et de fouler la sole.

En donnant un coup de brochoir ou un coup de triquoises sur le vieux fer pour dégager les têtes des vieux clous de l'étampure, évitez de faire rentrer les lames dans la sole.

En voulant enlever les arcs-boutants et rogner les talons, évitez que le tranchant du rogne-pieds ne pénètre dans le vif.

Ne pas faire saigner ni la fourchette ni la sole.

Il ne faut pas trognonner et rogner les pieds trop courts.

Evitez de trop parer et trop baisser les talons.

Ne faites pas de brèche à la muraille avec le rogne-pieds.

Si vous faites porter le fer chaud, ne brûlez pas la sole.

Le fer à demi-chaud, qui reste longtemps sur le pied, brûle aussi la sole.

Evitez de gondoler et de faire l'aile de moulin aux branches des fers en les ajustant.

Vous éviterez que le fer ne serre en arc-boutant de chaque côté des quartiers et des talons.

Ne pas serrer le pied avec le fer trop juste.

Ne pas comprimer ni fouler les talons, en faisant faire ressort aux branches des fers en les ajustant.

Evitez l'ajusture entôlée, elle renverserait les quartiers.

Quand le pied a des oignons, il ne faut pas les faire saigner.

Ne faites pas porter le fer sur la bleime.

Evitez que le cheval étant déferré ne prenne des caboches étant à la forge.

La piqûre, la retraite des clous en les brochant, il faut les éviter.

Il ne faut pas laisser des pointes, des souches ou tout autre corps étranger dans le pied.

Evitez en brochant les clous de les couder, de les casser dans le pied, l'enclouure et les clous pailleux.

Ne serrez pas la veine en brochant trop haut, ou les lames des clous trop fortes.

En mettant des clous dans les vieux trous, il faut éviter qu'ils ne prennent une autre direction.

Ne pas trop faire garnir le fer.

Evitez que le fer ne coupe le cheval.

Evitez que le fer ne soit trop long ou trop court.

Evitez de râper les rivets.

Enfin, évitez que les pinçons ne soient trop serrés.

DE LA MANIÈRE DE FERRER LES CHEVAUX.

Les bons ouvriers Maréchaux ont reconnu depuis longtemps que la ferrure à froid est préférable à la ferrure à chaud pour la conservation des pieds des chevaux. Cela est incontestable. Il s'offre plusieurs difficultés pour la mettre en usage, et malgré la mesure ou le

patron en papier carton que vous prendrez, qui représentera le podo-
mètre de la forme plantaire des pieds, il sera bien difficile de la pratiquer en général pour tous les chevaux; il y en a qui ont les quatre
sabots différents; d'autres, la sole bombée, où il faut remettre les
fers au feu plusieurs fois pour les ajuster avec précaution; la
grande pratique des ouvriers de présenter les fers chauds sur les
pieds sera une objection bien grande à supprimer. .

Dans la cavalerie et l'artillerie plusieurs chevaux se déferrent.
Dans une charge, ils marchent plusieurs heures dans un terrain rocailleux; la muraille des sabots se casse, les pieds se déforment, les fers
que les cavaliers ont en réserve, qui ont été faits sur la mesure des
pieds bien faits, ne peuvent plus être attachés sans être remis au feu;
le Maréchal est obligé d'aller à la forge, qui se trouve souvent éloignée, pour rajuster les fers. (Cela m'est arrivé souvent étant en campagne.) Pendant ce travail, les escadrons reçoivent l'ordre de se
mettre en marche; les chevaux qui sont pieds nus se déformeront encore les pieds en attendant l'arrivée du ferreur, qui sera encore obligé
de retourner à la forge, et ainsi de suite; ou bien, il en résultera que
si l'on attache les fers qui ne sont plus convenables aux pieds, les
chevaux seront en danger d'être boîteux : les fers étant trop larges,
ils se couperont, et dans l'impossibilité au Maréchal de brocher les
clous dans les quartiers, beaucoup de temps perdu, et les chevaux
estropiés, etc.

On peut présenter les fers modérément chauds, et ne pas les laisser
longtemps sur les pieds pour éviter de chauffer ou de brûler la sole ;
les mauvais pieds doivent être ferrés à froid. Cependant, la présence
des chevaux à la forge abrègera beaucoup de temps, et les chevaux
seront bien mieux ferrés.

Le cheval employé à labourer la terre

Est sans contredit le plus utile à l'existence de l'homme; il faut

donc lui porter tous nos soins, et pour contribuer à toute sa conservation, il est nécessaire de lui attacher des fers aux pieds.

Il doit être ferré avec des fers longs et légers ; on doit lui rogner
beaucoup de corne, principalement en pince, marchant continuellement sur la terre molle ; le pied ne ressent aucune commotion, excite
l'ongle à croître promptement, et cependant on ne lui relève les fers
que tous les deux à trois mois pour lui rogner la corne.

Le cheval employé à la guerre. (Voir la 9me Planche.)

Les fers des chevaux de cavalerie doivent être forgés étroits et
raides, les étampures semées, l'ajusture peu relevée en pince, des
pinçons aux quatre fers ; ne pas les ferrer longs, principalement les
pieds de derrière. Si les éponges dépassaient les talons, dans les ma-
nœuvres, ils seraient atteints par les fers des pieds de devant du cheval qui marche derrière en file. Cela occasionnerait d'arracher les
fers ; évitez de donner trop de garniture aux fers ; laissez les rivets
forts et incrustés dans la corne. Des crampons seraient utiles, mais
l'usage d'en mettre n'est qu'en temps de glace.

Le cheval employé à traîner l'artillerie. (Voir la 9me Planche.)

Les fers sont forgés un peu forts et un peu couverts, l'étampure
bien semée, l'ajusture un peu relevée en pince, les branches du fer
d'aplomb, et suivre le contour de la muraille de l'ongle ; les pieds de
derrière aussi ferrés courts ; peu de garniture. Pour éviter que le cheval à côté ne marche sur le bord du fer et ne l'arrache, des pinçons
aux quatre fers.

Des crampons leur seraient utiles ; l'usage est de ne leur en mettre
que pendant le temps des glaces.

Pour bien entretenir la ferrure des chevaux de cavalerie et ceux
de l'artillerie, soit en garnison, soit en route et en campagne, les
maréchaux de chaque escadron auront le soin de n'avoir à ferrer

que deux à trois chevaux par journée; l'expérience que j'ai acquise pendant les longues marches que le régiment a eues à parcourir m'ont fait apprécier; que, pour l'exactitude dans le service, cette méthode est préférable à celle de ferrer tous les chevaux à neuf : par ce fait, beaucoup de fers étant usés ensemble, occasionnent une quantité de chevaux hors des rangs, qui restent en arrière avec leurs cavaliers, et les Maréchaux pour rétablir la ferrure.

Le cheval de carrosse bourgeois

Sera ferré avec des fers peu couverts, également forts dans la pince et les branches des fers à devant, les fers à derrière un peu plus forts et couverts en pince que dans les branches, un crampon au bout de la branche en dehors et une mouche à celle en dedans; l'ajusture, pour préserver le cheval de glisser, sera peu relevée en pince; le filet de garniture donné au fer doit suivre la régularité de la muraille et le contour en dehors du pied; le chanfrein, limé en dedans, doit aussi s'apercevoir et suivre jusqu'au talon; des pinçons en pince aux quatre fers; les fers placés droits et d'aplomb sur les pieds; les clous brochés à égale distance les uns des autres et les rivets entrés dans la corne.

Le cheval de cabriolet bourgeois

Doit être ferré avec des fers étroits et raides, dans la longueur exactement des pieds, peu de garniture, des pinçons aux quatre fers, un crampon et une mouche comme au précédent. Le reste ne diffère en rien.

Le cheval de carrosse de remise.

Les fers doivent être un peu plus forts, plus couverts, et un peu plus de garniture qu'aux chevaux bourgeois, un crampon et une mouche, des pinçons aux quatre fers. Le reste ne diffère en rien des précédents.

Le cheval de cabriolet de remise.

Il faut le ferrer un peu plus fort, plus couvert, et un peu plus de garniture que le cheval de cabriolet bourgeois ; le reste est de même.

Le cheval de fiacre et celui de cabriolet de place.

Une partie de ces chevaux travaillent la nuit ; ils usent beaucoup ; ils sont ferrés avec des fers forts et couverts ; aussi les Maréchaux qui les ferrent sont-ils forcés de leur mettre des fers qu'on appelle *rampins* et *pinçards*, les uns relevés en bateaux, les autres avec des pinçons bridés et une garniture démesurée dans la proportion des fers et des pieds. Il faut bien des soins de la part des ouvriers qui les ferrent pour ne pas les rendre boiteux. Cependant depuis quelques années, il y a beaucoup d'amélioration dans ce genre de ferrure.

Les chevaux d'omnibus

Sont ferrés avec des fers excessivement forts et couverts, beaucoup de garniture pour conserver les fers le plus longtemps possible. Aussi les lignes que parcourent ces lourdes voitures, dans le temps sec ; le pavé se trouve plombé par l'usure du fer des roues et des fers des chevaux. Les pinçons aux quatre pieds doivent être forts et courts pour éviter les accidents *.

Le cheval de rouliers

Marche continuellement au pas et tire à plein collier ; il doit être ferré avec des fers forts et couverts en pince, ou à l'endroit où il use le plus ; les fers un peu relevés en pince, les branches plates et d'aplomb ; des crampons aux fers des pieds de derrière au cheval

* Il m'a été amené plusieurs de ces chevaux qui s'étaient déferrés à peu de distance de mon atelier ; il y avait aux fers des grands et larges pinçons qui leur étaient entrés dans la sole, avaient coupé la veine plantaire et pénétré profondément dans les pieds.

attelé dans les limons ; des pinçons au milieu de la pince aux quatre fers ; laissez garnir les fers convenablement et brocher les clous en bonne corne. (Un roulier prudent aura en réserve, enfermé dans le coffre de sa voiture, une ferrière garnie de plusieurs fers et des clous, entre autres un fer à tous pieds ; en cas où un de ses chevaux viendrait à perdre un fer sur la route, il pourrait lui en attacher un provisoirement.)

Les chevaux attelés aux diligences, aux chaises de poste.

Ils vont souvent au trot ; ils doivent être ferrés avec des fers nourris et étroits, des crampons aux pieds de derrière, la pince des fers peu relevée, peu de garniture ; ne pas les ferrer longs des pieds de derrière ; des pinçons un peu forts et courts aux quatre fers.

Le cheval de selle

Sera ferré avec des fers étroits et un peu raides dans la proportion des pieds et du cheval ; celui qui a de forts pieds, il ne faut pas lui mettre des fers minces, ils ploieraient sous les pieds et feraient mal marcher le cheval ; posez les fers bien d'aplomb : ils ne doivent pas être placés ni trop en dedans ni trop en dehors ; un filet de garniture, un crampon et une mouche aux éponges des fers à derrière ; un petit pinçon aux quatre fers.

Le cheval de course. (Voir les Planches 6me, 10me et 11me, Fers anglais.)

Il doit être ferré avec des fers légers, étroits et proportionnés à l'animal. A l'anglaise ou à la française, la pince des fers à derrière, carrée, et un pinçon de chaque côté des branches, rapproché de la pince, un petit pinçon au milieu de la pince des fers à devant, l'ajusture de la pince et des branches plates ; les éponges ne doivent pas dépasser les talons, le chanfrein fait aux fers avec la lime doit suffire pour toute garniture.

POUR APPRENDRE A FERRER.

Malgré qu'il soit bien difficile de parer et de brocher des clous dans un pied qui n'est plus animé, vous pourrez cependant vous exercer en prenant le sabot garni de son fer, d'un cheval mort , que vous attachez solidement sur le bord d'un billot. Pour le déferrer, vous tenez le rogne-pieds de la main gauche ; vous posez le tranchant sur le haut du rivet ; vous le faites sauter, ou vous le coupez, par l'effet d'un coup de brochoir que vous donnez, et que vous tenez de la main droite ; en frappant sur le dos du rogne-pieds, avoir soin de ne pas faire éclater la corne en dérivant. Vous prenez ensuite les triquoises de la main droite ; vous passez un des mors en dessous de l'éponge en dehors ; vous serrez les triquoises en faisant une pesée, ayant soin d'appuyer la main gauche sous le pied ; par cet effet les caboches (ou vieux clous) sortent de dedans les vieilles étampures ; vous pincez les têtes les unes après les autres ; vous faites le même travail à l'autre éponge ; le pied étant ainsi déferré, si la corne de la muraille est trop longue, vous ne coupez que la pince et les mamelles ; évitez de couper les quartiers et les talons avec le rogne-pieds ; on ne doit agir dans ces parties du sabot qu'avec la râpe, la reinette à parer ou le boutoir ; on tient le boutoir de la main droite ; on appuie le bout du manche au ventre qui ne doit pas s'en séparer, et qui est le point d'appui ; il faut que le poignet soit libre pour pencher le boutoir en tous sens, et le faire glisser à plat sur toute l'assiette de l'ongle, de même que dans les cavités de chaque côté de la fourchette ; se tenir droit et d'aplomb ; pousser le boutoir avec le ventre et tenir l'avant-bras droit près du coude appuyé le long de votre côté droit ; la main gauche doit être passée en dessous du sabot pour vous donner l'assurance de parer et.

de ne pas blesser le cheval ni l'homme qui tient le pied. Le maniement des outils doit se faire lestement et avec grâce; ils doivent être
proportionnés aux pieds que l'on va ferrer. On se sert de la reinette
à parer, des deux mains; elle est commode et moins dangereuse que
le boutoir.

L'affilure des clous doit être droite, raide et courte; une affilure
molle serait assujettie à retourner en passant dans la corne dure : c'est
ce que l'on nomme une *retraite.* (Cela veut dire que l'affilure s'étant
retournée, si elle atteint le vif, fait boîter le cheval.)

L'ajusture ne comprend pas que la concavité que l'on donne en
dessous du fer ; elle comprend aussi la justesse, la garniture que doit
suivre le fer à l'entour du sabot ; enfin la longueur et l'aplomb qui
doit correspondre exactement à toutes les parties de la muraille de
l'ongle.

Pour apprendre à ajuster, on met un vieux fer au feu pour le faire
chauffer rouge ; lorsqu'il est chaud, vous le prenez avec les tenailles à
mains; vous l'apportez pour le placer sur l'enclume ; vous frappez à
plat pour lui ôter l'ancienne ajusture; ensuite, vous le tournez pour
le redresser, vous le portez à la bigorne pour lui donner le tour exactement conforme au tour du pied, et ne devant porter que sur la muraille, ayant bien soin de frapper à petits coups pour ne pas resserrer
les étampures; étant bigorné, vous le placez au milieu de l'enclume,
les étampures en dessous, pour ne pas les écraser en frappant pour
donner la concavité au fer ; vous frappez à petits coups et à plat du
ferretier, à commencer du milieu de la pince et suivant jusqu'à l'éponge,
soit de l'une ou de l'autre branche; ensuite changez les tenailles pour
entenailler l'autre branche pour donner la même ajusture à celle que
vous venez de lâcher ; conservez la pince, les branches, les éponges
droites et bien parallèles; qu'elles ne fassent pas l'aile de moulin, ni
gondolée, ni entôlée; le fer étant ajusté, vous le présentez sur le pied
attaché sur le billot ; vous voyez promptement s'il n'est pas trop large

ou trop étroit, ni trop long, ni trop court, si la voûte du fer ne porte pas sur la sole ; il ne faut pas non plus le porter en dehors, vous rendriez le pied *panard* (de travers). De même, le porter trop en dedans, il serait en danger de couper le cheval ; enfin, vous voyez dans l'ensemble de l'ajusture si elle est convenable au pied. Il ne faut pas laisser longtemps le fer chaud sur le pied pour en avoir l'habitude dans l'action de ferrer les vivants. Si vous avez le malheur de chauffer la sole, il faudrait en enlever promptement la superficie et ne pas laisser aucune empreinte de la chaleur à la sole ; on débouchera ensuite le fer avec le poinçon à déboucher, pour ne laisser passer exactement que les lames jusqu'au collet des clous.

Pour brocher les clous, vous tenez le clou, au milieu de la lame, de la main gauche, avec deux doigts (le pouce et l'index). Vous conduisez le plus avant possible la lame dans la muraille de l'ongle ; étant assuré qu'il est sorti, vous frappez toujours sur la tête jusqu'à ce qu'il soit bien entré ; vous relevez la pointe lestement à mesure qu'elle sort ; vous la coupez avec les triquoises ; vous relevez les rivets, et ensuite vous rivez, ayant soin d'appuyer les mors des tenailles sur les têtes des clous, les unes après les autres ; vous râpez et vous continuez ces exercices jusqu'à ce que vous soyez en état de pratiquer l'action de ferrer.

PRÉCAUTIONS A PRENDRE
pour ferrer les chevaux méchants.

Dans les nombreux chevaux de remonte que nous avons reçus en Silésie, en Andalousie et en France, j'ai remarqué qu'il fallait employer premièrement la douceur et se servir de ruses. Le cheval qui *compte* (on appelle *compter* celui qui tire son pied à chaque coup de brochoir que l'on donne sur les clous). Il faut frapper à petits coups et vite jusqu'à ce que les clous soient rivés.

Il est des chevaux qui ont peur de la fumée; il faut leur couvrir les yeux avec une couverture à cheval et non avec le tablier de forge, qui leur fait sentir cette odeur; ne pas les attacher et éviter de faire brûler la corne.

Le cheval qui tire au renard ne doit pas être attaché; s'il cherche à fuir, il faut le faire tenir en main.

Le cheval qui se couche ou s'appuie en levant le pied, il faut que le ferreur aide le teneur de pied, soit en soutenant la hanche, l'épaule, ou en levant fortement la tête de l'animal.

Le cheval qui rue en voulant lui prendre le pied, si vous voulez lever le pied montoir, il faut vous appuyer le plus possible auprès de l'avant-main; glissez la main droite le long du dos, de la croupe, et ensuite de la jambe jusqu'au pâturon que vous saisissez fortement en l'attirant à vous; pendant ce temps le ferreur a soin de lever la tête du cheval pour lui ôter la facilité de lancer la ruade; le teneur de pied profite de cet instant pour passer le bras gauche au-dessus du jarret, et ensuite réunir la main gauche à la main droite, et tenir fortement et résolument le pied : s'il est plus méchant, il faut lui attacher à la queue une corde avec un anneau en fer attaché au bout de cette corde; passez une plate-longe fixée à l'entour du pâturon et l'autre bout passé dans l'anneau, et tirez pour lever le pied; si l'animal se couche, on le lâche, on le fait relever et on le reprend; étant fatigué, il finira par se laisser ferrer. Il faut avoir soin de ferrer le cheval méchant sur la terre ou sur le fumier dont vous aurez couvert le pavé. On ferre aussi les chevaux dans un travail (machine en bois pour ferrer les chevaux vicieux); cela n'est plus en usage à Paris : les bœufs sont ordinairement ferrés dans le travail.

Le cheval qui frappe des pieds de devant : il ne faut pas se mettre devant lui en levant le pied; ces sortes de chevaux ont aussi l'habi-

tude de pousser le pied à chaque coup de boutoir que donne le ferreur ; il faut se tenir en garde, crainte que le boutoir ne glisse et
atteigne soit l'épaule ou le tendon de la jambe de derrière, et même
le bras du teneur de pied et occasionner des blessures graves.

Le cheval ne doit jamais être attaché avec la longe dans la bouche, ni passée sur le nez, dans la crainte qu'il ne se coupe la langue
s'il tirait au renard ; il est de même du bridon et de la bride. On
doit autant que possible l'attacher avec une longe et un licol de
force.

Le cheval qui mord en le ferrant, s'il ne tire pas au renard, il faut
l'attacher court, sinon lui mettre une muselière ou le faire tenir à la
main ; enfin, les meilleurs moyens que l'on peut imaginer, on les met
en usage, etc.

Il suffit de mettre le torche-nez quelquefois au cheval méchant
pour le rendre docile ; il en est d'autres qui deviennent plus
méchants.

On emploie aussi le mors d'Allemagne : c'est une corde passée
dans la bouche du cheval, que l'on réunit les deux bouts au-dessus de
sa tête et qu'on fait un nœud ; ensuite, on tord cette corde avec un
petit bâton ; le cheval ainsi baillonné lève la tête et reste quelquefois
tranquille.

D'autres à qui il faut leur donner à manger, leur parler, les flatter
jusqu'à la fin de l'opération de la ferrure.

De certains chevaux ne veulent pas avoir le pied levé haut
pour être ferrés, ni gênés par le teneur de pied. Le Maréchal qui
ferre seul, en tenant le pied dessus et entre ses cuisses, donne beaucoup
de docilité au cheval qui a le pied très-peu élevé.

ACTION POUR DÉFERRER, AJUSTER,

FAIRE PORTER LE FER, ET DE FERRER LE PIED.

Un bon teneur de pied aide beaucoup à l'habilité du ferreur; il doit s'occuper de lever le pied, le tenir résolument et avec souplesse, ne pas trop l'élever dans la crainte de gêner le cheval, ce qui l'occasionnerait à retirer son pied; changer de main sans que le cheval ne s'en aperçoive pour ne pas lui donner l'instinct qu'on veut le lâcher; la participation du teneur de pied, dans l'opération de la ferrure, est de chauffer les fers, les déboucher, les limer, mettre le pied sur le billot, le torche-nez au besoin, et avoir soin que le cheval reste en place; le ferreur est obligé de faire ce travail si le teneur de pied ne le connaît pas.

Le ferreur étant déjà entouré de son tablier de forge, placera par-dessus le tablier à ferrer garni de tous les outils.

Pour déferrer, il faut dériver les clous, avoir soin de ne pas enlever la corne auprès des rivets, cela rendrait la ferrure malpropre; ensuite vous passez un des mors des triquoises entre l'éponge du fer et le talon en dehors; vous les serrez en faisant une pesée; le fer se lève, les vieux clous sortent, vous les arrachez avec les triquoises, vous les mettez dans la poche de votre tablier à ferrer; vous faites le même travail à l'autre éponge, et le fer se trouve arraché entièrement. Cependant, si le pied était douloureux, vous repousseriez les caboches avec le repoussoir, ou vous les soulèveriez avec le bout du tranchant de la lame du rogne-pieds, pour pouvoir les pincer les unes après les autres. Le fer étant ôté, s'il restait des souches (lames de vieux clous) ou autres qu'on aurait laissées dans le pied aux ferrures précédentes, il est de toute nécessité de les chasser avec le repoussoir ou de les retirer d'une manière quelconque; si vous les laissez, il en résulterait d'ébrécher le boutoir, de détourner les nouvelles lames contre le vif, et le cheval boiterait.

Le fer enlevé, le Maréchal nettoie le pied, examine promptement si le sabot est trop long ou de travers; il aura bien soin de n'en rogner que là où il est nécessaire (voir le *Pied paré* à la 1re Planche), et toujours avec prudence; il parera légèrement la fourchette, la sole, les talons, les arcs-boutants et la muraille sans diminuer en rien de la force de toutes ses parties. Etant ainsi paré, vous aurez la facilité pour bien asseoir le fer et brocher les clous; le ferreur fera attention en se servant de son boutoir, pour parer le pied moutoir de devant, de ne pas toujours parer le quartier en dedans de préférence à celui du dehors par la facilité de l'un et la difficulté de l'autre dans le maniement du boutoir qui se trouve plus à l'aise pour parer le quartier du dedans, comme aussi le quartier en dehors du pied hors moutoir; ces défauts rendent les sabots de travers, ôtent l'aplomb du pied, font couper le cheval et le rendent souvent boîteux.

Il est d'usage dans les boutiques d'avoir des fers forgés d'avance; le ferreur les choisira : ils ne doivent pas être ni trop longs ni trop courts, la couverture proportionnée, l'étampure ni trop maigre ni trop grasse; étant assuré qu'ils sont convenables, on met les éponges au feu pour les refouler, et lever les crampons et les mouches aux fers à derrière; à mesure qu'elles sont refoulées, vous placez à plat les fers dans le feu pour les chauffer rouge égal partout; vous prenez le fer avec les tenailles à main, vous le portez pour l'ajuster au milieu de la table de l'enclume pour lui donner le moins possible de concavité dans la voûte, que les mamelles et la pince ne soient pas entôlées ni cavées, que les branches partent d'un aplomb parfait en allégissant sur les quartiers et les talons sans faire ressort; le bord du fer doit suivre exactement le tour et la forme plantaire de l'ongle en ne portant que sur la muraille. Cette ajusture étant ainsi donnée et bigornée, en frappant à plat et à petits coups, à seule fin de ne pas écraser et resserrer

4.

les étampures. En faisant porter les fers pour les bons et les mauvais pieds, il faut éviter la chaleur, malgré l'apparence d'une sole forte ; si vous laissez trop longtemps le fer sur le pied, elle passe à travers les pores de la corne et occasionne par la suite de grands ravages dans l'intérieur du sabot. Il faut d'un coup d'œil examiner si l'ensemble de l'ajusture est conforme et correspond à la tournure et à l'aplomb du pied ; placez le fer droit, ne le portez pas en dehors, cela rendrait le cheval panard et le pied contrefait ; la mamelle du fer en dedans doit être à ras de la mamelle de la corne, le chanfrein fait avec la lime sur le bord du fer doit s'apercevoir jusqu'au bout de l'éponge ; la mamelle en dehors doit aussi être juste, et la garniture du restant de cette branche doit se suivre bien correctement jusqu'au bout de l'éponge. Si les pieds ont des difformités, c'est à l'artiste Maréchal à améliorer ou à les faire disparaître, s'il lui est possible, par le moyen des fers qu'il pourra plus ou moins bien leur ajuster. Il faut éviter de faire saigner aucune des parties du pied ; si le fer n'allait pas bien, il faut de suite, pendant qu'il est chaud, lui donner un coup et le représenter sur le pied ; s'il était trop large de la pince, il faut éviter de lui faire faire la bosse ; les branches et le bout des branches sont faciles à faire prendre le tour de l'ongle ; il est donc nécessaire de s'appliquer à donner à la pince et aux mamelles l'ajusture primitive et convenable, pour ne plus être obligé de remettre le fer au feu pour le rajuster.

Après cette opération, vous déboucherez les fers sur le billot, pour ne laisser passer exactement que la lame des clous qui doit un peu forcer aux collets ; si la contre-perçure était trop large, les fers s'ébranleraient dans les étampures, les rivets s'allongeraient, la ferrure ne serait pas solide, et le fer finirait par se détacher et se perdre.

Ensuite limer les fers sur le chanfrein, sur les bords et le bout des éponges. (On a prétendu dans un temps qu'on ne devait pas limer les

fers; cela était une mauvaise manière d'empêcher à l'ouvrier de perfectionner son ouvrage.)

Les pinçons doivent aussi être limés. Le ferreur étant assuré que
les fers sont bien débouchés et limés, commandera de lever le pied,
pour poser avec les mains le fer sur le pied et s'assurer qu'il est bien
droit et d'aplomb. Eviter qu'il ne se loge soit de la terre ou des cailloux entre le fer et la sole : les bavures des débouchures du fer pourraient aussi nuire à la muraille ; tous ces cas étant prévus, pour attacher le
fer et le tenir en respect , le teneur de pied placera son pouce en tenant ferme sur la branche, et changera de main au fur et à mesure que
le ferreur brochera les clous. Le premier clou sera broché en pince, les
quatre autres ensuite sur la partie en dedans et les trois autres et derniers
en dehors. Cependant, s'il y avait beaucoup de corne à râper en
pince, vous brocherez un clou de chaque côté, et ensuite vous râ-
perez la corne en pince à ras le fer avant de brocher les six autres
clous. Coupez les pointes avec les triquoises, ayant soin de dégager la
corne à l'endroit où doivent se loger les rivets, pour ne pas diminuer la
force de ces rivets en repassant une seconde fois la râpe ; le pied étant
ferré, vous rabattez le pinçon le long de la muraille en frappant légèrement dessus. Vous râpez les pieds de devant sur le billot, les pieds
de derrière à la main et rarement sur le billot. Il faut observer en
brochant les clous de ne pas tourner l'affilure, et si les lames ne sont
pas pailleuses, bien conduire les clous en tenant la lame au milieu
avec deux doigts (le pouce et l'index) de la main gauche, le plus
avant possible dans la muraille ; étant assuré de sa sortie et qu'il n'est
pas coudé ni cassé, qu'il ne prend aucune autre direction que celle
qu'il doit suivre, vous achevez de le chasser hardiment, jusqu'à ce
qu'il soit bien entré dans l'étampure et que le collet des clous remplira
exactement ; ne brocher ni trop haut ni trop bas ; les rivets se trouvant tous à la même hauteur donnent de la grâce et embellissent la
ferrure.

DE L'HABILETÉ DE FERRER.

Il faut être habile à ferrer, premièrement, pour ne pas impatienter le cheval qui ne serait pas commode; deuxièmement, la ferrure étant peu rétribuée, ce n'est que par la quantité et l'habileté que vous pouvez réunir un léger bénéfice. Un bon ferreur doit ferrer un cheval, et le bien ferrer, dans une heure et demie; pour les mauvais pieds, il est impossible de fixer le temps qu'on peut y mettre; dans des journées, n'étant occupé qu'à la ferrure, j'ai souvent ferré quarante et quarante-huit pieds en douze heures de travail. M. Rousset fils, médecin-vétérinaire, qui inscrivait l'ouvrage à la fin de la journée, a constaté plusieurs fois ce nombre ferré par moi. Dans mon atelier, en septembre 1830, à la coalition des ouvriers maréchaux, n'ayant avec moi qu'un teneur de pied, j'ai à différentes fois ferré dix à douze chevaux des quatre pieds dans un jour. J'ai été engagé plusieurs fois à mettre mon habileté à l'épreuve : deux chevaux de carrosse, appartenant à M. Demontron, ont été ferrés en moins d'une heure et demie; un cheval appartenant à M. Triquet, marchand d'étaux de boucher, a été ferré en vingt-cinq minutes, etc. Étant dans la Sierra-Morena, après une charge que le régiment venait de faire dans un terrain rocailleux, j'avais quarante pieds nus dans les chevaux de la compagnie (au temps de l'Empire les escadrons étaient de deux compagnies), ce qui formait trois escadrons de guerre); j'ai réuni des fers neufs et des vieux, et avec le secours de la forge, heureusement que nous sommes restés six à sept heures en repos, tout a été ferré.

Cela n'est pas une règle, et je conviens qu'il m'aurait été impossible de continuer journellement.

DES DIFFÉRENTES FORMES DE FERS

POUR LES DIFFÉRENTS PIEDS.

Quand vous forgez, il faut avoir l'idée de faire le fer pour le pied du cheval. Il ne suffit pas de connaître le maniement des tenailles, de savoir chauffer et tourner le fer. Le premier principe est de forger et d'ajuster le fer pour l'ongle, et non de couper l'ongle pour le fer. Un fer qui ne prendrait pas la forme et le contour du sabot occasionnerait une difformité au pied ; s'il était trop juste, le cheval boîterait ; si la garniture était trop large, l'animal pourrait se déferrer, s'atteindre et se couper ; s'il était trop relevé en pince, le cheval éprouverait un balancement dans sa marche, et étant au repos, un fer trop léger dans ses proportions ne résisterait pas et il ploierait sous le pied ; si le fer ne portait pas, la portion de corne croîtrait beaucoup plus que celles sur lesquelles il porterait ; pour le pied bien fait, il ne doit pas être ni trop couvert, ni trop dégagé ; pour le pied de devant, il doit avoir une égale épaisseur ; sans cela, le véritable aplomb du pied serait faussé ; il ne faut pas qu'il soit étampé ni trop à gras, ni trop à maigre, cela occasionne des difficultés pour brocher, et en danger de piquer le cheval ; l'étampure du quartier en dedans doit être un peu plus maigre que celle du quartier en dehors ; la garniture accompagnera régulièrement le tour des pieds ; enfin, les clous seront brochés s'il est possible à la même hauteur.

Fer et ferrure ordinaires pour le pied de devant du cheval de carrosse. (Voir la 2ᵐᵉ Planche.)

Le pied du montoir et le pied hors montoir doivent être ferrés également pareils, les fers forgés égaux, l'étampure semée, que la corniche en dehors des éponges ne dépasse pas celle de la corniche en dedans, la muraille sera parée droit en élévation ; à partir de la pince jusqu'aux talons, elle sera conservée d'une égale épaisseur dans tout le tour plantaire du sabot (voir la Planche 1re); le fer suivra et portera correctement sur cette muraille ; la pince sera un peu relevée sans être ni bombée ni entôlée, et venant insensiblement rejoindre les branches et les éponges qui seront d'une ajusture plate ; le fer ne doit pas garnir à la mamelle en dehors ; à partir de cette mamelle, et insensiblement, la garniture doit suivre régulièrement jusqu'au bout de l'éponge ; la mamelle en dedans doit être à fleur de la mamelle de la corne, le chanfrein limé au fer doit s'apercevoir jusqu'à l'éponge, les clous brochés égaux, les rivets courts et forts incrustés dans la muraille par le dégagement fait avec le bout du tranchant du rogne-pieds ; pour éviter de les couper en passant la râpe la seconde fois, rabattez le pinçon en frappant à petits coups.

Fer et ferrure pour le pied de derrière ordinaire.
(Voir la 2me Planche.)

Le fer ordinaire à derrière n'a pas d'étampure en pince ; elle est plus rapprochée des éponges qu'à celui des pieds de devant ; on emploie le même travail pour le forger. Cependant on conserve aux bouts des éponges, à la première branche en dehors, une petite masse de fer pour y former le crampon, et à la branche en dedans, pour y lever une mouche ; la pince est un peu plus forte, les branches sont plus dégagées qu'à celui de devant, méthodiquement celle en dedans. (On prétend que le cheval est sujet à se couper et qu'il faut le ferrer juste.) Pour suppléer à cette méthode, le ferreur laissera la mamelle, le quartier et le talon plus élevés pour correspondre à celui du dehors, que, le pied étant ferré, se trouverait plus haut par l'effet du crampon et de la branche qui sont plus forts : les mamelles de la pince

étant moins évasées et les talons plus ouverts qu'aux pieds de devant, l'ajusture du fer prendra la forme exactement , l'aplomb et le
tour de la muraille du pied de derrière; il n'est pas nécessaire de
relever le fer en pince; si le cheval n'use pas beaucoup, il sera plus
d'aplomb, plus assuré dans sa marche et moins sujet à glisser. N'oubliez pas de limer la carre de la branche et dedans, etc. Brochez ni
trop haut ni trop bas; laissez les rivets forts et courts; râpez à la
main; les pieds de derrière se râpent rarement sur le billot, et frappez
légèrement le pinçon pour éviter une commotion dans l'intérieur du
sabot.

Le fer à planche ordinaire. (Voir la 3me Planche.)

Il est bien en usage et bien utile à Paris ; pour le forger, il faut
prendre un lopin convenable ; vous allongez au bout de chaque branche, et par portions égales, le fer qui vous sera nécessaire pour réunir
ces deux bouts, les souder ensemble au milieu et former la traverse.
Pour bien conserver les étampures, il ne faut les étamper qu'après avoir
été soudées et préparées pour l'ajuster; la forme intérieure ronde ou
ovalaire se fait à la bigorne ; la forme carrée se fait au sayc ou à une
bigorne carrée ; cela n'occasionne aucun incident pour la marche du
cheval ; le fer à planche doit prendre la tournure du pied comme le
fer ordinaire; il ne diffère que dans la traverse qui doit être droite et
porter d'aplomb sur la fourchette pour lui donner son utilité à soulager les talons faibles, à bleime, à seime, à javard, etc. Nous indi-
querons les pieds qui nécessitent cette ferrure.

Fer et ferrure pour le pied à talons faibles et sensibles.
(Voir la 5me Planche.)

Le fer doit être forgé un peu plus couvert que le fer ordinaire, et
bien conduit, étampé maigre, principalement en pince et aux mamelles ; il ne faut pas parer ni affaiblir avec la râpe la muraille des

I

quartiers et des talons; baisser la pince et les mamelles. Étant ainsi
parée, l'ajusture du fer doit être donnée pour y correspondre à porter
le point d'appui sur ses parties, en allégissant pour porter légèrement
sur les quartiers et les talons. Dans ces sortes de pieds, il faut toujours ferrer juste à la mamelle en dehors; le cheval se trouve sou-
lagé, puisqu'il est forcé par ce moyen de marcher sur la pince. Il ne
faut pas entôler le bord du fer, il descendrait et renverserait la mu -
raille des quartiers et des talons; les branches, les éponges doivent
tomber d'aplomb et suivre la forme du sabot. Si cette ferrure ne met
pas le cheval droit, il faut le ferrer avec un fer à planche.

Fer et ferrure pour le pied comble. (Voir la 11ᵐᵉ Planche.)

Le pied comble soit d'une fourbure tombée dans le sabot, soit d'un
clou-de-rue, etc. Il faut lui forger un fer couvert, bien conduit ; on
aura soin d'étamper le fer à maigre, cela facilitera pour ne pas donner
une ajusture trop bombée qui mettrait le pied comme sur une boule ;
la concavité de cette ajusture sera donnée bien égale pour que la
voûte du fer ne porte pas sur la sole, et en suivant insensiblement à
devenir plate sur les branches, pour tomber d'aplomb sur les quartiers
et les talons; l'animal aura son point d'appui et marchera sur ces
parties pour soulager l'os du pied qui se trouve surmonté, et aussi la
sole de la pince qui est souvent crevée. On ne doit parer la sole d'un
pied comble qu'avec la râpe, pour éviter les coups de boutoir, et
moins vous parez la sole, moins elle deviendra bombée ; le fer ne
doit pas être fait porter chaud sur ces sortes de pieds; les clous doivent être brochés en bonne corne; les rivets, forts pour être assuré
qu'ils ne puissent se déferrer. La fourbure compliquée tombée dans
les sabots est inguérissable.

Fers et ferrures pour les pieds qui ont des bleimes.

La bleime est quelquefois dangereuse ; elle peut occasionner un javard en cornée. Si les talons sont forts, vous mettez un fer ordinaire ; les talons faibles, il faut les ferrer avec un fer à planche ; vous obtiendrez la guérison plus promptement. On aura soin de ne dégager la corne qui couvre la bleime qu'au moment de lui attacher le fer et d'appliquer le pansement, assujettie avec une ligature sur la partie malade et le contour du sabot à ras de la couronne, arrêtée par des épingles ou un nœud fait aux deux bouts de cette ligature ; cette précaution est pour ne pas mettre à découvert la bleime avant de pouvoir la comprimer, pour éviter le croisement de chair qui pourrait se faire dans la plaie ; l'ajusture est la même que pour le talon faible. La planche doit toujours porter sur la fourchette pour soulager les talons.

Fer et ferrure pour le pied de devant qui a une seime.

Le cheval qui a la muraille des quartiers en dedans faibles ou rentrés, est sujet à la seime ; la corne de la muraille se fend à la couronne, ordinairement fixée sur le quartier rapproché des talons ; elle est plus rare en dehors. Si la régénération de la corne ne se fait pas naturellement, il faut enlever une petite portion de corne de chaque côté de la seime jusqu'au vif, faire le pansement, le recouvrir avec une ligature qui sera légèrement comprimée et attachée telle que nous avons indiqué au précédent. Il faut lui mettre un fer à planche, éviter que la traverse du fer ne porte sur le talon du quartier opéré ; le pied sera ferré à son aise pour lui laisser toute son élasticité, et quand la corne aura recouvert la plaie, vous graisserez avec l'onguent de pied la corne autour de la couronne.

Fer et ferrure pour le pied de derrière qui a une seime.

Elle est fixée communément à la couronne au milieu de la pince ; il faut lui faire la même opération et lui mettre aussi une ligature pour assujettir le pansement ; vous parez les talons à plat le plus possible ; laissez la pince longue ; faites un sifflet qui corresponde de chaque côté de la seime, qui souvent se prolonge en pince ; le fer sera étampé un peu plus près des talons que de la pince ; il sera relevé en pince ; les branches plates, un pinçon de chaque côté au milieu de chaque branche. Mettez le pied à l'aise, ne serrez pas les pinçons ; s'ils étaient trop serrés, vous n'obtiendriez aucune guérison par le pincement qu'ils occasionneraient. Étant ainsi ferré, le cheval marchera sur les quartiers et les talons, évitera que la pince ne choppe, ne s'atteigne, et la guérison sera plus prompte.

Fer et ferrure pour empêcher de glisser les chevaux sur le pavé, le gazon, etc.

La ferrure la plus connue est celle de lever des crampons aux bouts des éponges des fers. A Paris, et dans une grande partie de la France, cette ferrure n'est en usage que dans le temps de glace. Cependant, dans la grande chaleur, le pavé est sec et plombé par la grande quantité de roues et de chevaux qui le parcourent, c'est-à-dire qu'ils déposent en roulant et en marchant l'usure de leurs fers, qui forment sur le grès une espèce de glace ferrée. Plusieurs de mes clients se plaignaient que leurs chevaux ne tenaient pas pieds, et cependant ils ne voulaient pas qu'on les ferre à crampons. Je me suis imaginé le fer que j'ai nommé à *ajusture renversée.* (Voir la 7ᵐᵉ Planche.) Ce fer est forgé sur le bord en dedans le plus mince possible ; le bord en dehors fort et tranchant du côté de l'étampure. Je les étampai de préférence avec une étampe à l'anglaise, ayant la précaution de placer cette étampe sur le fer pour la diriger un peu à gras ; pour

donner facilité de brocher les clous, il faut l'ajuster du côté de l'étampure; cela n'empêche nullement de conserver l'aplomb sur le pied;
par l'effet de cette ajusture, le dessous du fer se trouve plat et le
dessus concave; le cheval marche en piquant le pavé avec le
tranchant du bord du fer qui l'empêchera de glisser; le tranchant
étant usé, les clous se trouveront aux prises à leur tour avec le pavé,
le gazon et même sur la glace; les clous étant usés, vous pouvez en
remettre. Il est rare dans cette étampure que les têtes se décollent.
Cette ferrure est difficile à faire; il faut aussi pour l'appliquer que les
sabots des chevaux soient creux.

Fer et ferrure à trois crampons. (Voir la 7me Planche.)

C'est-à-dire une grappe en pince et un crampon à chaque bout
des éponges. Vous laissez une distance entre les étampures de la pince
aux fers à devant pour y souder la grappe; pour préparer cette grappe,
vous coupez un morceau de fer ou d'acier en carré, de la proportion
avec le fer qui doit la recevoir; il faut que le fer soit chaud en pince;
prenez avec les tenailles le morceau de fer ou d'acier qui doit être froid,
vous enfoncez une des cornes dans la pince du fer, un peu plus près
du bord en dehors qu'au milieu; tenant ainsi, vous mettez le fer au
feu, ayant soin de conserver la grappe en dessus pour la chauffer
avec le fer; quand le degré de chaleur est suffisant, vous poudrez la
grappe avec du sable blanc; vous retirez le fer du feu pour souder la
grappe qui tient toujours au fer, ayant soin de frapper à petits coups,
et vite, pour bien souder les cornes de chaque côté *; de la même
chaude, vous levez le pinçon et vous ajustez le fer qui ne doit pas
être relevé en pince; il doit suivre le tour du pied posé droit et
d'aplomb.

---

* J'ai appris cette manière de souder les grappes étant en Allemagne; arri-
vant à Paris, je les mis en usage.

Fer et ferrure pour le pied pinçard. (Voir la 8ᵐᵉ Planche.)

Ces sortes de pieds ont communément la pince étroite, les talons hauts, et toute la partie inférieure large; le cheval marche et il use en pince; on forge le fer fort en pince, on le nomme pinçard, à pointe, etc., les branches minces, cependant, leur laisser assez de force pour faire l'étampure pour y mettre des clous capables de tenir le fer. Elles sont éloignées de la pince (voir la 8ᵐᵉ Planche); l'ajusture sera relevée en pince; à partir de chaque côté des mamelles, les branches plates, le pinçon court et fort; il est des chevaux qu'il n'est pas nécessaire de leur en mettre; il faut éviter de trop parer la pince; les talons doivent être baissés le plus possible, sans les faire saigner; le fer étant fort en pince, il conserve sa chaleur; il faut avoir la précaution de le mouiller en pince avant de le faire porter; le pinçon étant bridé et appuyé le long de la muraille fera conserver le fer un peu plus longtemps. Cette ferrure est la plus convenable pour les chevaux qui usent beaucoup en pince.

En 1819, un vétérinaire de Paris avait inventé une ferrure pour les chevaux pinçards; la pince des fers était mince; les branches fortes, accompagnées de forts crampons. Il prétendait faire user les fers en talons. Cette ferrure n'a pas réussi; cependant il faut reconnaître son utilité pour la conservation des jambes des chevaux qui sont continuellement sur le pavé: avec cette ferrure, les chevaux qui font le service de place, trouveraient, étant au repos, un point d'appui, et dans leur marche, moins de balancement et moins de glissades, qui leur éviteraient de devenir aussi promptement arqués, bouletés et pinçards; malheureusement, cette ferrure est trop dispendieuse par l'usure des fers. Les loueurs de voitures ont préféré et préféreront l'ancienne ferrure.

Pour éprouver la conservation des jambes par l'effet de la ferrure, attelez deux jeunes chevaux de même âge et de même force ; ferrez l'un avec une ajusture plate et des crampons , l'autre avec une ajusture relevée en bateau et les éponges des fers minces ; vous aurez la preuve, en huit à dix mois, que ce dernier aura plus tôt les jambes usées que son camarade. Dans toute l'Allemagne, les chevaux sont ferrés à crampons continuellement ; on en voit bien moins d'arqués, de bouletés et de pinçards qu'en France.

Fer et ferrure dite à la Turque, pour les chevaux qui se coupent aux extrémités de derrière. (Voir la 8me Planche.)

Aussitôt qu'un cheval se coupe, il faut y porter remède. Il est urgent d'examiner si c'est le fer, la corne ou les rivets. Etant assuré que c'est le fer, il faut le déferrer et lui forger un fer avec une branche étroite en dedans et deux étampures placées à la mamelle ; les six autres étampures de la branche en dehors doivent être étampées maigres pour vous faciliter de mettre le pied droit ; si le quartier en dedans se trouve plus élevé que celui du dehors, vous faites la branche mince pour qu'elle entre dans la muraille et que la carre du haut de cette branche soit arrondie avec la lime ; si le quartier était plus bas que celui du dehors, il faut le plus possible reformer la mamelle de la corne et poser le fer juste en dehors. Le fer ne doit pas être relevé en pince, l'ajusture droite et d'aplomb sur le pied ; évitez de faire une branche en dedans avec une masse de fer, le pied se trouverait surchargé ; la carre de cette masse occasionnera le cheval à se couper davantage ; quand il se coupe avec sa corne, il faut la reformer avec le rogne-pieds et l'unir ensuite avec la râpe ; si c'est avec les rivets, il faut les rogner et dégager la corne pour les faire entrer dans la muraille.

Il y a quantité d'idées contradictoires pour la manière de ferrer à empêcher les chevaux de se couper. Dans la quantité que j'ai ferrés, un cheval appartenant à **M.** le comte de Demidoff père, se coupait depuis longtemps; les quartiers en dehors des pieds de derrière étaient tombés, occasionnés par la quantité de clous qu'on y avait brochés; le cheval marchait mal, se déferrait souvent; le quartier en dedans était bas, la sole haute. Enfin, le piqueur Clarck, attaché aux écuries, fatigué de s'obstiner à vouloir le faire ferrer avec une forte branche en dedans, m'a laissé la liberté de le ferrer à mon idée.

Voilà la description du fer que je lui ai forgé et attaché, que j'ai nommé *fer à embase*. (Voir la 8ᵐᵉ Planche.)

La première branche, comme un fer à l'ordinaire avec un crampon un peu fort et bas. J'ai placé trois étampures sur cette branche pour y brocher les clous en bonne corne ; la branche en dedans égale de force à celle du dehors ; j'ai fait une embase avec la chasse le long du bord. Pour éloigner la carre du haut de cette branche, qui n'était uniquement que cette masse qui occasionnait la coupure, j'ai placé cinq étampures sur cette embase pour y brocher aussi les clous en bonne corne, l'ajusture bien aplomb sur le pied, les rivets bien incrustés dans la muraille, et un pinçon au milieu de la pince.

Deux ferrures pratiquées de cette sorte ont suffi pour préserver le cheval de se couper, et remettre le pied en bon état. Longtemps avant que **M.** le comte parte pour l'Italie, je ferrai le cheval avec des fers ordinaires. J'ai eu occasion, à différentes fois, d'employer cette ferrure : elle a toujours réussi.

Fer et ferrure pour le cheval qui forge. (Voir la 8ᵐᵉ Planche.)

On appelle forger, le cheval qui frappe en allant au trot la pince de son fer à derrière aux éponges ou à la voûte du fer à devant. (Le Maréchal doit se méfier d'un cheval long-jointé, court de corps, qui a les extrémités rapprochées.) Le fer à devant ne diffère en rien du fer ordinaire. L'étampure sera rapprochée le plus possible des éponges; les branches moins prolongées sur les talons et le bout des éponges limées en bizeau ; le fer à derrière doit être forgé carré en pince, un pinçon de chaque côté aux mamelles, la corne de la pince doit déborder le fer. Cette manière de ferrer empêchera d'entendre le cheval de forger.

Fer et ferrure pour le cheval qui use ses fers de derrière en dehors.

Forgez le fer fort à la branche en dehors et mince en dedans ; parez le quartier en dedans plus bas que celui du dehors ; ajustez le fer, abaissez la branche en dedans le plus possible ; posez le fer bien juste à la mamelle en dedans ; par l'effet de cette ajusture, le cheval marchera en portant le point d'appui sur cette partie, ou, pour le moins, plus d'aplomb ; la branche en dehors doit garnir depuis la mamelle de la pince jusqu'au talon. Indépendamment du pinçon qui est en pince, on peut en mettre un autre entre les deux étampures du milieu de la branche en dehors, pour empêcher le fer de se jeter en dedans, par l'effet de la marche du cheval qui tente toujours à porter son pied sur le quartier en dehors.

Fer et ferrure pour le pied renversé en dehors.

Le fer est forgé comme le précédent ; l'ajusture est la même ; s'il était nécessaire d'un crampon roulé au bout de l'éponge en dehors, il ne faut pas le négliger, il n'y a aucun inconvénient ; un pinçon aussi en dehors au milieu de la première branche, les clous brochés et rivés solidement.

Fer et ferrure pour les pieds qui ont de mauvaises fourchettes ou ulcérés.

Le fer est forgé, ajusté, attaché à l'ordinaire ; il faut le moins possible parer les talons au cheval qui travaille ; il faut seulement pa-

rer la fourchette sans la faire saigner ; pour donner jour à la matière
et détruire les ulcères qui l'engendrent, le Maréchal aura soin de
recommander au palefrenier de mettre tous les jours de la terre glaise
détrempée avec du vinaigre dessus la fourchette, et garnir aussi tout
le dessous du pied ; tenir le pied propre ; éviter de loger le cheval
dans une écurie où il y aurait du fumier en fermentation, il survien-
drait ce que l'on nomme vulgairement un crapaud.

Fer et ferrure pour le pied trop long et serré.

Le fer doit être forgé étroit dans la pince ; les éponges de
la même largeur que les branches (voir la 11ᵐᵉ Planche); étampez
maigre en pince, plus à gras dans les branches, pour donner
la facilité de brocher et laisser garnir le fer de chaque côté des
quartiers jusqu'aux talons ; vous rognerez le pied fortement en pince ;
vous parerez les quartiers et les talons à plat et droit ; laisser la sole,
la fourchette et les arcs-boutants dans toute leur force ; l'ajusture sera plate dans les branches; la pince doit être un peu relevée ;
de cette façon, le cheval prendra l'appui sur les quartiers et facilitera,
si le cheval est jeune, aux pieds de s'élargir. Tenez les sabots à l'hu-
midité et n'oubliez jamais que le fer doit toujours, à quelque pied
qu'il appartienne, suivre le tour de l'ongle régulièrement.

Fer et ferrure pour le pied trop court.

Le fer est forgé à l'ordinaire; l'étampure un peu plus à gras qu'ordinairement ; il ne faut pas parer la pince ; l'ajusture sera plate, et
le tour du pied sera suivi par la garniture du fer qui le débordera tout
à l'entour, pour donner aisance au pied de croître et de s'élargir.
Les pinçons aux fers à devant sont inutiles ; les clous brochés bas
auront les lames déliées et de bonne qualité pour éviter qu'ils ne
décollent ; cela occasionnerait, pour avoir les souches, à faire éclater
la muraille.

Fer et ferrure pour le pied court en pince et large des quartiers.

Le fer est forgé à l'ordinaire ; il n'a pas d'étampure en pince ; il doit être ajusté plat si la sole le permet ; il faut reformer les quartiers le plus possible et tenir le fer juste dans ses parties , le laisser garnir un peu en pince pour faciliter la corne de pousser ; conservez l'aplomb et faites bien prendre au fer le tour du sabot ; il n'est pas nécessaire de pinçons aux fers de devant.

Fer et ferrure pour le pied serré en talon*.

Le fer sera forgé nourri dans les branches , l'étampure ni trop à gras ni trop maigre, et un peu plus éloignée des éponges qu'au fer ordinaire ; la paroi doit être parée à plat; conservez la fourchette et les arcs-boutants; la sole doit aussi se conserver forte et éviter de trop râper la muraille; le fer sera ajusté plat sur les branches, un peu relevé, court en pince; le laisser garnir dans les quartiers et les talons (si le cheval ne se coupe pas). Ne gondolez pas les branches du fer, le cheval boîterait. Dans ces sortes de pieds, il ne faut pas brocher les clous bien haut et faire attention que les affilures ne se retournent pas; si l'animal est jeune, il est possible que les talons prendront un peu plus de développement.

Fer et ferrure pour le pied mou ou gras.

Dans ces sortes de pieds, l'élasticité est flexible ; la sole, la muraille sont ordinairement minces et molles (aussi dit-on, quand on broche les clous, qu'ils entrent comme dans du beurre). Le fer doit être forgé un peu couvert et bien conduit ; étampez maigre et semé ; parez la sole

* Voir la 11ᵐᵉ Planche.

le moins possible; n'affaiblissez pas la muraille; évitez la chaleur du
fer qui doit être ajusté pour porter plus fortement sur la muraille de
la pince et des mamelles, et suivre en portant légèrement sur les quartiers et les talons; ne pas abaisser plus une mamelle que l'autre; ne pas
faire les branches en ailes de moulin; ne pas entôler le bord du fer
ni lui faire faire la bosse au milieu de la pince; on évitera ces défauts
pour préserver le cheval de boîter; la voûte du fer ne doit pas toucher
ni porter sur la sole; le moins de garniture possible suivra correctement le quartier en dehors, et le filet s'apercevra en dedans. Il arrive
quelquefois aux pieds à muraille mince que, après avoir broché et
rivé les clous, vous voyez du sang aux rivets; il faut éviter de brocher trop haut et de frapper fort sur les rivets.

On ne doit pas mettre de graisse ni onguent de pieds; il faut lui
raffermir avec de la terre glaise détrempée avec du fort vinaigre et
en garnir la sole et la muraille.

Fer et ferrure pour le pied dérobé.

Le cheval qui a marché pieds nus, celui qui s'est arraché son fer par
une force majeure, etc., a souvent la corne de la muraille cassée.
Forgez le fer sans l'étamper. Quand vous aurez paré le pied, vous
examinerez où il reste encore de la muraille pour pouvoir brocher
les clous; vous étampez alors de manière que les étampures se rencontrent au droit de la muraille qui est conservé; donnez au fer
l'ajusture et la garniture convenables pour faciliter la croissance de
l'ongle : les pinçons sont quelquefois utiles; cependant, il ne faut pas
trop les serrer; ne râpez dans le contour de la muraille que les difformités du sabot occasionnées par les brèches; conservez le pied le
plus droit possible, et évitez la chaleur du fer en le faisant porter.

Fer et ferrure pour le cheval qui se couche en vache.
(Voir la 8ᵐᵉ Planche.)

Le fer est forgé, étampez à l'ordinaire ; il faut lui faire les branches plus courtes, et refoulez les éponges en chanfreins arrondis ; le fer ajusté, ferrez le pied court, et si les talons sont forts, incrustez le bout des éponges dans la corne. Malgré cette précaution, il y a des chevaux qui se couchent sur les branches et le coude appuyé sur la pince. Dans ce cas, il faut avoir recours à un bourrelet en cuir que vous fixez dans le paturon avant qu'il ne soit couché.

Fer et ferrure pour le cheval qui a une jambe plus courte que l'autre.

On forge des fers de différentes formes pour cette difformité ; le fer à gobelet, le fer à enchâsse, etc., sont des fers bien peu en usage ; le fer qui me semble le plus convenable à attacher au pied du cheval qui a une jambe courte, c'est le fer à trois crampons (voir le fer à trois crampons.) Vous pouvez donner l'élévation aux crampons dans la proportion pour correspondre avec l'autre extrémité ; il doit être ajusté plat et broché comme le fer ordinaire.

Fer et ferrure pour le pied panard.

On peut rendre un cheval panard en lui parant le pied et en lui attachant le fer ; si vous rognez, si vous parez la mamelle et le quartier en dedans plus bas que celui du dehors, le pied se trouvera panard, de même que de porter toujours trop le fer en dehors pour l'attacher : voilà ce qu'il faut éviter et y porter remède. Soit de nature ou d'une mauvaise ferrure, le Maréchal peut contribuer à redresser le pied ; pour réussir, le fer doit être forgé, la branche en dehors un peu plus mince que celle en dedans ; l'étampure maigre, pour ferrer juste en dehors ; vous reformez et vous baissez le plus possible la mamelle et le quartier en dehors ; la mamelle, le quartier et le talon en dedans doivent être conservés le plus haut possible ; l'ajusture de la mamelle à la branche en dehors doit appuyer plus fortement que celle en dedans ; de cette façon le pied se trouve plus élevé en dedans, mais le pied droit, et l'on s'aperçoit moins que le cheval est panard. MM. les marchands de chevaux ne donnent à ferrer ces sortes de pieds qu'à des ouvriers habiles.

Fer et ferrure pour le cheval pris dans les épaules.

Forgez le fer allongé dans le bout des branches, pour lever un crampon roulé à chaque éponge. (En terme de maréchalerie, on les nomme *fers à rouleaux*). Cette ferrure a pour effet d'empêcher le balancement des extrémités qui correspondent au mouvement des épaules, maintient les talons élevés et empêche ou diminue la commotion * ; l'ajusture doit être relevée en pince pour faciliter la marche et le pied du cheval à raser le tapis ; brochez les clous en bonne corne et n'oubliez pas d'ajuster le fer pour l'ongle.

Fer et ferrure à tout pied. (Voir la 7ᵐᵉ Planche.)

Pour forger le fer à tout pied, vous le forgez sans l'étamper. Vous aurez soin de laisser la pince longue et forte ; vous lui donnez la tournure du pied ; ensuite, vous le coupez au milieu de la pince ; de l'une de ses parties, vous faites une charnière avec un ciseau ou une scie à refendre le fer ; de l'autre, une embase de chaque côté, soit avec le burin ou la lime, pour être articulée dans l'autre et former ensemble la charnière ; un trou rond au milieu et fraisé des deux côtés, un rivet plat du côté en dedans du fer, et en dessus la tête de

* J'ai fait connaître, à la page 60, article du *cheval pinçard*, l'utilité de la ferrure à crampons.

ce rivet plus saillant (si vous voulez); vous étampez le fer à tous pieds de deux manières : à un seul rang ou à deux rangs. On en fait aussi à brisure ; ils sont plus commodes à faire : une embase à chaque portion de la pince qui a été coupée, un trou rond au milieu de chaque embase les réunissent l'un sur l'autre par un rivet comme le précédent. Pour l'ajusture, elle est la même que pour le fer ordinaire; après l'avoir ajusté, vous faites mouvoir la brisure ou la charnière ; alors le fer se ferme et s'ouvre à volonté, selon le pied que l'on veut le faire servir. Il ne s'attache que provisoirement en cas où un cheval viendrait à perdre un fer étant en route; il est bien utile pour les chevaux qui se déferrent en voyage. Il y a aussi le fer sans étampure, brisé au milieu et fixé par un clou à vis; il a un oreillon en pince et un à chaque éponge; ces trois oreillons en manière d'anneau où il passe des courroies qui se réunissent par une boucle à ardillon sur le sabot, auprès de la couronne, et assujettissent le fer.

Un fer à planche, attaché avec quatre clous à rivet sous la semelle d'une bottine en cuir que l'on assujettit au pied, étant entré dans cette bottine par le moyen de deux courroies, dont une à boucle avec ardillon, et qui se réunissent dans le paturon, peut aussi servir pour le même usage.

Fer et ferrure à la Turque pour le pied de devant.
(Voir la 8ᵐᵉ Planche.)

Il y a aussi plusieurs espèces de fers à devant, dits à la Turque. Celui que l'on forge ordinairement consiste que la branche en dedans est plus étroite que celle du dehors; les huit étampures se continuent sur la première branche et la pince jusqu'à la mamelle de la branche en dedans, qui ne doit être que de la même épaisseur que celle du dehors ; l'étampure de la mamelle en dehors doit être à maigre, par la nécessité de ferrer juste dans cette partie; pour mettre le pied droit le plus possible, la branche en dedans doit être droite pour pouvoir reformer la corne de la muraille ; la carre de cette branche sera rentrée et limée en rond ; la branche en dehors doit suivre correctement le quartier jusqu'au talon et ne faire voir que le filet de garniture. Un pinçon en dehors est utile.

Fer et ferrure pour le pied huché.

Le pied huché a les talons hauts et la pince courte ; le cheval use ordinairement en pince ; le fer sera forgé fort en pince. Étampez en éponges ou en branches, si la muraille des quartiers le permet, il sera plus solidement attaché ; vous parez les talons le plus possible et à plat ; ne pas rogner la pince ; le fer ajusté un peu relevé en allongeant sur la pince ; le pinçon bridé pour empêcher que le fer ne monte sur la pince ; les branches plates et peu de garniture au talon. La maréchalerie est impuissante à porter entièrement remède à cette difformité.

Fer et ferrure pour le pied rampin.

Il est différent au précédent. Le pied est plat et long en pince, communément les pieds de derrière ; le cheval rabotte naturellement, et aussi occasionné par la fatigue ; il y en a d'autres, en rabottant la pince, qui usent fortement leurs fers en éponges ; c'est alors que le ferreur doit juger à lui mettre un fer convenable ; le premier doit avoir un fer fort en pince et relever la pince du fer appuyée le long de la muraille ; il n'est pas nécessaire de mettre un pinçon, il ne résisterait que très peu de temps ; celui qui use en talons et qui rabotte, il faut le ferrer comme le premier et le fer plus fort en éponges.

Fer et ferrure à grappe ou à crampon à vis.

Quand je suis arrivé à Paris, j'ai vu plusieurs chevaux ferrés avec deux crampons vissés au milieu de chaque branche du fer ; cette manière leur donnait un balancement continuel et aucun aplomb. Ce fer ne doit avoir qu'un crampon à vis au milieu de la pince. Pour le forger, il faut avoir une filière et des tarauds ; il se forge à l'ordinaire ; vous laissez entre les deux étampures de la pince des fers à devant une distance pour y faire un trou rond que vous taraudez ; le crampon que vous forgez séparément, le haut sera pointu ou tranchant, la tige sera filiée et n'aura la longueur que de l'épaisseur du fer étant vissé. Ce crampon, vous l'ôtez et vous le mettez à volonté avec une petite clef faite exprès. Vous levez un crampon à chaque éponge qui doit correspondre à la hauteur du crampon vissé en pince ; l'ajusture du fer doit être droite et bien suivie. Etant ainsi, le cheval marchera d'aplomb. Cette ferrure ne se pratique que dans les hivers où il y a beaucoup de neige, pour aller en traîneaux ou sur les rivières couvertes de glace.

Ils doivent avoir comme tous les fers à crampons des pinçons en pince ; les clous bien brochés et rivés solidement.

Fer et ferrure à bord renversé. (Voir la 5ᵐᵉ Planche.)

Il est difficile à faire, et on le pose rarement au pied du cheval. Je n'en ai fait que six en quarante-quatre années de pratique de maréchalerie.

Voilà la manière pour le faire, celle qui m'a semblé la préférable : Forgez un fer bien couvert, un peu plus fort sur le bord en dehors que sur le bord de la voûte ; la pince, les branches, les éponges bien conduites et sans étamper. Il ne faut pas qu'il y ait une seule gerçure sur le bord ni en dehors ni en dedans ; s'ils en avaient, vous ne pourriez pas l'ajuster. Quand il est bien uni, vous refoulez les éponges ; observez bien de lui donner la tournure convenable avant de lui donner la concavité (l'ajusture) pour lui conserver la proportion après avoir renversé le bord ; pour le renverser, vous commencez par le milieu de la pince, et à chaque chaude vous aurez soin de mouiller la voûte du fer ; ne laissez de chaud que le bord qui doit être renversé à la carre de l'enclume. Après le bord de la pince, vous renversez à mesure en suivant et venant rejoindre les éponges, une fois en dehors, une fois en dedans, et ainsi de suite jusqu'à la fin, en conservant les éponges plates à la distance de trois à quatre centimètres de l'ajusture de la voûte. La concavité étant ainsi donnée et le bord renversé, pour l'étamper, il ne faut chouffer que le bord qui est renversé, pour ne faire à chaque fois que deux ou trois étampures ; elles doivent être semées et bien compassées. Vous redressez le bord qui se trouve désuni par l'effet des huit étampures ; il ne faut pas bigorner les bosses occasionnées par l'étampure : elles doivent être limées. Le fer étant ainsi ajusté, on ne doit pas le présenter chaud sur le pied ; pour l'attacher, il faut avoir un marteau allongé et à bouche carré ; vous ne pouvez pas atteindre les têtes des clous avec un brochoir ordinaire.

Ce fer est pour un pied extraordinairement comble.

Je n'ai posé que deux de ces fers au cheval appartenant à M. le général Beauflanchet.

Fer et ferrure à planche oblique. (Voir la 4ᵐᵉ Planche.)

La planche oblique est le fer le plus difficile à faire de la maréchalerie. La première branche est forgée comme celle de la planche ordinaire (cependant, si l'oblique doit se trouver en dehors, il faut forger la branche en dedans la première) ; à partir du milieu de la seconde branche, il faut former la partie oblique qui passe au-dessus de la sole pour rejoindre et pour être soudée avec l'autre bout de l'éponge en dehors et former la demi-traverse. Ce sont là les difficultés pour arriver juste à former le fer à planche oblique. Il doit suivre le tour du sabot jusqu'au milieu du quartier. Vous l'étampez après l'avoir soudé ; l'étampure se suit jusqu'au bout de la demi-branche ; l'ajusture doit être donnée à plat et mettre le pied à l'aise ; ce fer ne sert qu'au cheval à qui l'on a fait l'opération d'un javart encorné.

Fer et ferrure à branche tronquée. (Voir la 8ᵐᵉ Planche.)

Il est forgé comme le fer ordinaire, sauf la branche en dedans qui ne se prolonge que jusqu'au milieu du quartier ; il est étampé de même et sert au même usage que le précédent.

Fer et ferrure à planche triangulaire. (Voir la 4ᵐᵉ Planche.)

La première branche se forge comme celle du fer à planche ordinaire ; la branche en dedans doit être forgée bien plus longue pour former le triangle que vous faites, soit à la bigorne, soit à la carre de l'enclume et même à l'étau. (Cela est à la volonté de l'ouvrier ; toutes les manières sont bonnes quand on abrège la durée du travail, et qu'on arrive au degré de perfection désiré.) La planche et le triangle formés, vous réunissez l'éponge à celle en dehors pour les souder ensemble ; vous étampez le fer jusqu'à l'endroit du triangle ; vous suivez le même principe pour l'ajusture que celui à planche oblique ; il est pour le même usage. Il se pose rarement au pied du cheval.

Fer et ferrure à planche à coulisse. (Voir la 4ᵐᵉ Planche.)

Forgez deux fers à planche ordinaire un peu mince en voûte ; mettez-les l'un sur l'autre pour les souder ensemble sur le bord en dehors, ayant soin de ne pas souder la traverse dans quoi la coulisse doit être pratiquée ; vous préparez une plaque mince en fer, ou de tôle un peu forte ; vous levez un onglet à cette plaque à la partie qui ne pénètre pas dans la coulisse ; vous entrez la plaque dans la coulisse ménagée dans la traverse, et dans la coulisse aussi ménagée dans le tour intérieur du bord du fer, qui sera chauffé exprès pour faire entrer et jouer la plaque que vous retirez par le moyen de l'onglet ; vous étamperez de manière que la coulisse soit libre à recevoir la plaque ; l'ajusture doit être à plat le plus possible et suivre la tournure du pied correctement. On doit frapper à petits coups pour brocher et river les clous, pour ne pas étonner le sabot qui est malade. Ce fer ne s'emploie que pour les chevaux qui ont des blessures à la sole ou à la fourchette.

Le fer ordinaire à coulisse se forge de la même manière ; il est seulement dépourvu de la traverse. (Voir la 11ᵐᵉ Planche.) J'ai façonné de cette manière plusieurs de ces fers qui ont très-bien réussi.

Fer et ferrure à branche couverte. (Voir la 14ᵐᵉ Planche.)

Dans la quantité de mauvais pieds que j'ai ferrés, j'ai observé dans plusieurs chevaux qui avaient les pieds de devant larges, les arcs-boutants extrêmement minces, la sole des quartiers bombée, la sole de la pince plate et une grosse fourchette ; cette difformité exige un fer couvert en branche ; il se forge comme fer ordinaire ; la pince est plus étroite et l'étampure plus maigre, pour faciliter à pouvoir monter le fer et laisser déborder la corne en pince pour empêcher le fer de descendre ; l'ajusture sera plate en pince et les branches concaves, en conservant l'aplomb de manière à forcer l'animal à marcher et à porter son point d'appui sur la pince et sur les mamelles de la pince, le bout des éponges du fer un peu coupé en dedans pour ne pas gêner la volumineuse fourchette. Ce fer est beaucoup plus léger que le fer couvert à lunette (voir la 5ᵐᵉ Planche), qui est aussi pour le même usage ; dans ces sortes de pieds, on peut brocher haut et serrer fortement les rivets pour éviter le fer de claquer.

Fer et ferrure pour le cheval de course.
(Voir la 10ᵐᵉ Planche.)

Il faut forger le fer de course léger et étroit, cependant proportionné à l'animal à qui il est destiné et au terrain* qu'il doit parcourir; l'étampure doit être semée et ni trop à maigre ni trop à gras; la sole doit être conservée forte; ne pas creuser les talons ni détruire les arcs-boutants; l'ongle ne doit pas être ni plus long ni plus court que la nature l'a prescrit; le fer doit être ajusté le plus plat possible et suivre exactement le tour pour porter d'aplomb sur le pied, accompagné du chanfrein de garniture qui entoure le bord du sabot, éviter que le fer soit trop prolongé sur les talons; les têtes des clous seront proportionnées à l'étampure, les lames fines et déliées; ne brocher pas haut; les rivets courts et solides; vous passez légèrement la râpe sur la muraille; enfin, vous frappez à petits coups les pinçons pour les appuyer le long du sabot.

A Paris, depuis quinze à vingt ans, les chevaux de course sont ferrés à la manière anglaise : il faut faire l'éloge des Maréchaux français d'avoir perfectionné cette ferrure qui ne laisse rien à désirer de celle pratiquée par les ferreurs anglais.

Fer et ferrure pour le cheval de selle. (Voir la 10ᵐᵉ Planche.)

Le cheval de selle porte ses pieds d'aplomb; cependant il peut faire des glissades, soit sur la terre grasse, sur le pavé et sur un terrain couvert de gazon**. Pour les bien ferrer, les quatre fers doivent être forgés étroits, raides, égaux de force dans toute leur étendue, et dans la proportion du pied de l'animal, l'étampure ni trop à gras ni trop à maigre; l'ajusture doit se suivre à plat et assise d'aplomb sur la

---

* Si le cheval parcourt un terrain couvert de pierres, le fer doit être un peu plus raide que pour un terrain couvert de sable.

** Étant au régiment, j'ai vu dans le temps sec, différentes fois des chevaux glisser et s'abattre.

muraille de l'assiette des pieds qui seront parés droits, ayant soin de ne parer que légèrement la fourchette et la sole ; le filet de garniture en dehors suivra correctement la muraille jusqu'au talon, et le chanfrein, limé à la branche en dedans, se fera voir aussi jusqu'au bout de l'éponge ; ne brochez pas haut, mais bien correct ; les rivets courts, bien entrés dans la corne, et le pied râpé modérément.

Fers et ferrures pour les chevaux de rouliers.

Je mentionne les fers des chevaux de rouliers : ce sont les premiers que j'ai posés. Orléans était alors une ville de séjour et de grand passage pour les rouliers ; malheureusement, pour les Maréchaux de province, les chemins de fer vont leur ôter beaucoup de travaux.

Les fers doivent être forgés un peu plus forts et plus couverts en pince qu'aux éponges*, et toujours dans la proportion de la grandeur du pied de l'animal ; l'étampure un peu à gras en dehors, et venant insensiblement à maigre jusqu'au quartier en dedans. L'ajusture doit être relevée un peu en pince, et selon la marche du cheval, les branches plates, et porter d'aplomb sur la muraille du sabot, laisser garnir le fer en dehors, en suivant régulièrement jusqu'au talon, de manière à maintenir le pied droit, conserver la sole et la muraille fortes ; brocher les clous en bonne corne et laisser les rivets forts ; si vous râpez, il faut que ça soit légèrement.

Éviter de faire brûler ni la sole ni la fourchette, comme font de certains apprentis ou de jeunes Maréchaux, quand ils ont coupé, soit avec le rogne-pied ou le boutoir, l'une de ses parties, passent et repassent le fer chaud sur la plaie, et le cheval devient boiteux.

Fers et ferrures pour les chevaux des charretiers des ports.

Les fers à devant seront forgés forts et couverts dans toute leur

* (Page 41.) J'ai fait remarquer que ces chevaux marchaient continuellement au pas et tirent à plein collier.

étendue; ceux à derrière forts en pinces, avec de forts crampons et des fortes mouches aux chevaux attelés dans les limons (ils leur sont bien utiles pour descendre le pavé des ports); la sole doit être conservée pour éviter les clous de rue, l'ajusture droite et portant bien d'aplomb sur la muraille avec la garniture convenable. Les clous à longues lames sont souvent employés pour les brocher en bonne corne, et les pinçons forts et courts serout fortement bridés le long de la muraille.

Fers et Ferrures pour le poney et le double poney, (chevaux de la petite espèce).

Les fers doivent être forgés dégagés (étroits); les branches, les éponges de la même largeur que la pince; l'étampure ne doit pas être trop à maigre, pour donner la facilité de brocher les clous * qui auront les lames déliées, le collet et la tête proportionnés à l'étampure. La paroi sera parée à plat, la fourchette et la sole légèrement. L'ajusture donnée aux fers sera droite et bien assise sur la muraille. Les éponges ne dépasseront pas les talons, crampons et mouches aux fers à derrières; des petits pinçons en forme de lentilles aux quatre fers rabattus légèrement au milieu du bord de chaque pince; râpez modérément, et le filet de garniture qui sera limé se verra dans le contour des pieds.

Fer et Ferrure pour le cheval de manége.

Il marche sur un terrain préparé et sablé. Le fer sera forgé un peu plus mince que le fer de selle ordinaire; l'ajusture doit être plate et peu de garniture, le pied rogné en pince le plus possible; la sole et la fourchette bien parés, les clous brochés modérément à égale distance, les rivets entrés dans la corne de la muraille; des pinçons en pince aux quatre fers, et râpés légèrement.

---

* On les nomme *clous de poney*.

Fer et ferrure à devant des mulets. (Voir la 12me Planche.)

Mon père occupait souvent dans son atelier des ouvriers provençaux ; j'ai donc eu occasion d'apprendre à ferrer les mulets, cela m'a bien servi étant en Espagne.

Le fer de mulet est forgé carré en pince, les branches droites, celles du dehors couvertes en se prolongeant jusqu'à la mamelle en pince de la seconde branche qui est plus étroite, et se prolonge en pointe jusqu'au bout de l'éponge, l'étampure en dehors, et celles en pince sont beaucoup à gras, se suivent en revenant à maigre jusqu'à la huitième en dedans ; cette étampure à gras est pour donner facilité de laisser garnir le fer tout à l'entour du sabot, l'ajusture doit être relevée en pince, les branches plates et prolongées sur les talons. Les pieds des mulets sont ordinairement creux ; il ne faut pas parer à creuser les talons ni la sole ; il y a moins de danger qu'aux chevaux de faire porter le fer chaud sur le pied, parer l'asssiette de la muraille à plat, poser le fer d'aplomb, brocher les clous haut, laisser les rivets forts et courts, et ne râper jamais le pied du mulet après lui avoir attaché le fer.

Fers et ferrures à derrières des mulets. (Voir la 12me Planche.)

Le fer à derrière est forgé un peu plus fort en pince que le fer à devant ; les branches jusqu'aux éponges deviennent insensiblement minces, les étampures de la branche en dehors sont beaucoup à gras, celles de la branche en dedans le sont moindre, l'ajusture est relevée en pince, les branches plates et prolongées sur les talons, le pied est paré à plat sur la paroi ; l'usage est de faire un sifflet au milieu et sur bord de la muraille en pince (je le crois inutile) ; brocher et river les clous comme le précédent.

Fers et ferrures à la florentine pour le mulet.
(Voir la 11ᵐᵉ Planche.)

Ce fer, que l'on nomme *florentine*, ne diffère du fer carré que par la pince qui est plus relevée et plus allongée en pointe arrondie; elle a une sertissure sur le bord de la branche en dehors, qui forme gouttière jusqu'au bout de l'éponge. Les étampures sont placées à gras sur la branche en dehors, et à maigre sur celle en dedans; la pince en est dépourvue rapport à la florentine qui gênerait pour brocher et river les clous. Cette ferrure est convenable aux mulets qui ont les jambes droites et bouletées.

La florentine en planche. (Voir la 12ᵐᵉ Planche.)

C'est le même fer que le précédent qui a en plus une traverse prolongée sur la fourchette et les talons, mais bien moins que le prolongement de la pince; l'ajusture ne diffère que par la traverse qui rabat légèrement derrière la fourchette, le pied est paré, les clous brochés rivés de même.

Cette ferrure est en usage dans la Vendée, le Poitou, la Saintonge, etc. Les mulets des meuniers qui transportent à dos le grain, la farine, etc., sont ferrés de cette manière des quatre pieds.

Étant en garnison à Fontenay-Vendée, j'ai demandé à plusieurs maîtres Maréchaux à quoi cette ferrure avait d'utilité plus que l'autre; ils m'ont répondu premièrement que c'était l'usage du pays, et m'ont dit aussi que les propriétaires ne pourraient pas croire que leurs mulets puissent marcher s'ils étaient ferrés différemment. Je leur observai qu'ils étaient sujets à se déferrer avec la pince si fortement relevée, et une garniture aux fers si démesurée; je ne m'étais pas trompé. Ayant fait attention, je voyais souvent venir à la forge les mulets avec leurs maîtres qui tenaient les fers à la main pour les faire rattacher. (Voilà où en est encore la crédulité.)

Nous voyons aussi des hommes de génie, des artistes, faire peu d'attention à la maréchalerie, dans les chevaux qui sont en bronze, en marbre, en peinture, etc., qui sont et représentent des sujets modernes; ils ont des fers aux pieds qui ne sont nullement en rapport avec les progrès de perfection que cet art a faits depuis longtemps.

MM. les peintres, les sculpteurs, les modeleurs, etc., devraient consulter les Maréchaux-ferrants pour ne pas tomber dans l'erreur au temps que représentent leurs chefs-d'œuvre, pour l'intérêt de la science et de l'histoire. Un cheval qui est représenté au temps de l'empereur Napoléon et de S. M. Louis-Philippe, doit avoir des fers aux pieds dans le genre moderne, et non des fers comme au temps de Henri IV.

Fers et ferrures pour les ânes. (Voir la 12me Planche.)

Dans différents pays du midi de l'Europe, l'âne est bien utile, et il est dédaigné, cependant étant sujet à user la corne de ses pieds. Pour le ferrer, on forge le fer dans la proportion à celui du mulet; cinq à six étampures suffisent pour attacher le fer; l'ajusture est la même, et l'on donnera moins de garniture au fer.

Fers et ferrures pour les bœufs. (Voir la 12me Planche.)

J'ai ferré pendant trois ans des bœufs qui venaient du Limousin, passaient à Orléans pour aller ensuite aux marchés de Sceaux et de Poissy. J'ai remarqué que ce lourd animal s'engravait promptement dans les temps de pluie et de petite gelée; il est de toute nécessité de le ferrer pour qu'il ne reste pas en route. Tout le monde sait que le bœuf a huit ergots (ouongles), on peut mettre un fer à chaque; la forme des fers est bien différente que celle du cheval, du mulet et de l'âne, qui sont à un seul ongle (*solipèdes*). Le fer se forge comme une platine conformément à l'assiette de l'ongle auquel elle doit être attachée; elle est percée de cinq à six étampures, éloignées l'une de l'autre à distance égale jusqu'à la pointe de la platine qui forme le fer ; le pinçon est tiré au milieu de la rive intérieure du fer qu'on redresse, et qui se loge au lieu et contre l'ongle intérieur où la cambrure lui donne cette facilité qui garantit à l'autre partie du pied de ne pas être atteinte ; il oppose une résistance aux clous qui pourraient tirer le fer en dehors. L'ajusture se donne sur le bord extérieur et se prolonge dans l'étendue du fer en cambrure pour correspondre à la formation de cette portion du pied ; les clous sont plus petits pour cette ferrure que les clous à cheval ; le collet moins allongé, et la tête un peu plus aplatie. Le fer ne doit jamais se présenter chaud sur le pied.

Le bœuf qui travaille.

Le fer est plus fort que le précédent ; vous ménagez à peu de distance de la pointe de la platine, sur le bord en dedans, un prolongement de fer pour tirer un pinçon à cette partie ; ce pinçon, vous le rabattez à plat en suivant et tournant sur le dessus de l'ongle, et à peu de distance sur le bord en dehors, vous parez cette partie du pied avec le boutoir ou avec la reinette ; l'ajusture est donnée de même qu'au précédent, et les clous seront dans la proportion du fer.

A Bordeaux, les Maréchaux ferrent bien les bœufs.

La ferrure des chevaux qui parcourent le pavé de Paris nécessite beaucoup d'attention de la part des maîtres et des ouvriers maréchaux, occasionnée par le renouvellement de la ferrure qui s'use promptement pour quantité de chevaux, qui leur rend souvent la sole et la muraille défectueuses, et il n'est pas surprenant que les ouvriers qui arrivent de leur province se voient tout étonnés de faire un second apprentissage.

Dans l'année 1828, M. le colonel Hoton et Cie m'ont commandé des fers modèles, pour servir à faire les matrices pour frapper des fers à la mécanique ; je leur observai qu'ils ne réussiraient pas parfaitement. Enfin, ces Messieurs m'ont engagé à leur faire six modèles, un fer à devant et un à derrière pour chevaux de carrosses, deux *idem* pour chevaux de cabriolets, et deux pour chevaux de selle. Quelque temps après, ils m'ont fait voir les fers qu'ils avaient fait fabriquer dans cette machine; il était impossible de les poser aux pieds des chevaux; l'étampure n'était pas à fond : le bord en dedans et le bord en dehors n'étaient pas corrects, mal conduits, les éponges mal refoulées, dans leur ensemble, ils ne valaient rien; bons seulement à la ferraille. Je crois que pour bien forger et opérer la ferrure des chevaux, il n'y aura jamais rien de comparable à la manière ordinaire, qui est la seule possible pour cette branche d'industrie. Les ouvriers Maréchaux n'ont rien à redouter pour leur ôter l'emploi de leurs bras par ce procédé, qui ne servira qu'à conduire à la ruine et à la honte des personnes qui seraient tentées de l'entreprendre. Pour le bien-être des masses d'ouvriers, il serait à désirer que quantités d'inventions aient subi le même sort; il y aurait moins de bras dans l'inaction, faute de travail. Il faut convenir que la vapeur, les chemins de fer et toutes ses belles inventions, sont véritablement sublimes; malheureusement elles enrichissent ceux qui sont déjà trop riches. Mais! qui peut nous dire maintenant à quelle réaction cela peut nous conduire un jour!

1839 a vu apparaître la ferrure sans clous, assujétie indistinctement sur les pieds des chevaux avec un demi-cercle en fer serré sur le tour extérieur du sabot. Le fer avait trois oreillons tirés, un sur le bord en dehors, au milieu de la pince, et un à chaque éponge de même. C'est dans ces trois oreillons que le demi-cercle est agraffé et serré par le ferreur avec une petite chasse comme un tonnelier cercle un tonneau. Aux bouts, en dessous des éponges et tenant au fer, il y a un petit tenon qui entre dans la corne des talons.

A l'apparition, j'ai prédit la décadence de cette ferrure; l'homme de cheval ne pouvait pas l'accepter.

1° Elle déforme le pied par les oreillons et le demi-cercle;

2° Elle n'est pas solide pour les chevaux qui travaillent;

3° Les oreillons sont sujets à faire couper le cheval;

4° Les talons faibles seraient comprimés par les tenons et feraient boîter le cheval;

5° Par l'action du demi-cercle qui doit être fortement serré sur l'ongle pour assujétir le fer, les parties intérieures du pied seraient comprimées.

La ferrure sans clous, soutenue par des courroies pour les pieds malades, peut avoir son utilité jusqu'au moment où la guérison permettra de mettre un fer attaché avec des clous.

Il est inutile de s'étendre plus longuement sur une grande quantité de fers et de ferrures qui ne serviraient à rien, puisqu'il est bien reconnu maintenant qu'il serait absurde de poser aux pieds des chevaux des fers à pantoufles à demi-pantoufles, génetés, à patin prolongé, à bosse, etc. Avec de pareils fers vous ne pourrez jamais faire marcher un cheval d'aplomb.

Les fers en fonte coulés dans un moule, les fers en acier trempés sont à rejetter; le cheval qui serait ferré avec, deviendrait fourbu en travaillant sur le pavé.

Je conclus donc que tous les fers et ferrures pour les chevaux, qui ont été et seraient à inventer à l'avenir, n'égaleront jamais pour la propreté, la solidité et l'aplomb, celle qui est en usage depuis des siècles, que nous avons perfectionnée depuis trente ans, et que les bons ouvriers Maréchaux perfectionnent encore tous les jours.

FIN.

Le fer à l'ordinaire représenté sur la couverture du livre, et attaché sur le pied du montoir à devant.

Le fer représenté sur la première page.

Il est forgé comme le fer ordinaire; il ne diffère que dans l'étampure qui est plus plate que carrée. Les clous façonnés * pour ce genre de ferrure sont moins sujets à casser aux collets que les clous à collets carrés; je les ai souvent employés avec succès pour les pieds des chevaux qui avaient des mauvaises murailles, et pour ceux qui ont l'habitude de frapper leurs pieds sur le pavé, ce qui souvent occasionne la tête des clous à décolleter; et pour avoir les lames qui sont restées dans les pieds, si vous ne pouvez pas les retirer par les étampures, vous les repoussez pour les arracher par l'ouverture des rivets, ce qui occasionne toujours l'élargissement des trous et des déchirures à la corne de la muraille.

* Voir la 7ᵐᵉ Planche, *clous anglais*.

EXPLICATION DE LA 1ᵉ PLANCHE.

A. Cette figure représente l'assiette plantaire d'un pied montoir à devant bien fait ; il est paré, prêt à recevoir le fer ; les lames des clous passent au milieu de l'épaisseur de la muraille.

B. *Idem* représente l'assiette plantaire d'un pied hors montoir de derrière, les talons ouverts, la pince et les mamelles un peu plus resserrées que dans le pied bien fait ; les lames des clous passent aussi dans la muraille ; il est paré, prêt à lui attacher le fer.

C. *Idem* représente le fer attaché au pied de devant montoir, et portant d'aplomb sur le sol.

D. *Idem* représente l'assiette plantaire d'un pied à derrière montoir bien fait ; il est paré pour lui attacher le fer.

E. *Idem* représente l'assiette plantaire d'un pied de devant hors montoir, un peu serré en talon ; il est aussi paré pour attacher le fer.

EXPLICATION DE LA 2ᵐᵉ PLANCHE.

A. Fer ordinaire, montoir à devant, pour le cheval de carrosse.

B. Fer ordinaire hors montoir à devant pour le cheval de carrosse.

C. Fer ordinaire montoir à derrière pour le cheval de carrosse.

D. Fer ordinaire hors montoir à derrière, pour le cheval de carrosse. Ces deux fers de derrière ont chacun un crampon et une mouche.

EXPLICATION DE LA 3ᵐᵉ PLANCHE.

A. Fer à planche ordinaire, montoir à devant, à traverse ronde en dedans.

B. Fer à planche ordinaire, montoir à devant, à traverse carrée.

C. Fer à planche ordinaire, montoir à devant, à traverse prolongée en cœur, et couvrant la fourchette.

EXPLICATION DE LA 4ᵐᵉ PLANCHE.

A. Fer à planche à coulisse, montoir à devant.

B. Fer à planche oblique, montoir à devant.

C. Fer à planche triangulaire, hors montoir à devant.

EXPLICATION DE LA 5me PLANCHE.

A. Fer à bord renversé, montoir à devant.

B. Fer à pince couvert, montoir à devant.

C. Fer couvert à lunette, hors montoir à devant

EXPLICATION DE LA 6ᵐᵉ PLANCHE.

A. Fer arabe tel qu'il se forge en Arabie. Beaucoup de chevaux arabes sont sujets à l'encastelure occasionnée par l'aridité du sol de leur pays ; ce fer couvert et ce petit trou sont pour maintenir et introduire de la terre glaise détrempée avec de la bourre de chameau, pour conserver la corne humide, et préserver le pied de venir encasteler ; l'étampure et le collet des clous sont ronds, le fer est bordé à former une sertissure en dessus ; un rivet plat réunit les deux éponges.

B. Modèle de fers arabes que j'ai forgés et posés aux pieds des chevaux, appartenant à **M. Clermont-Tonnerre.**

Le premier est du pied montoir, l'autre est hors montoir ; il n'y a pas de distinction pour devant ou derrière.

C. Fer à l'anglaise hors montoir à devant.

D. Fer à l'anglaise, montoir à derrière, un crampon et une mouche demi-roulée au bout des éponges.

Ces deux fers sont pour le cheval de carrosse.

EXPLICATION DE LA 7me PLANCHE.

A. Fer à tout pied, brisé en pince.

Id. Clous à cheval ordinaire.

B. Fer, ajusture renversée et sertissure, hors montoir à devant, pour empêcher de glisser les chevaux.

Id. Clous à l'anglaise.

C. Fer à grappe ou à trois crampons ; montoir à devant.

Id. Clous à glace. (Il y a aussi le clou à tête carré.)

D. Fer à tout pied, à charnière.

EXPLICATION DE LA 8me PLANCHE.

A. Fer dit à la Turque, montoir à devant.

B. Fer dit à la Turque, montoir à derrière.

C. Fer pinçard étampé en éponges.

D. Fer hors montoir de derrière, avec embase à la branche en dedans.

E. Fer hors montoir à derrière, étampé en branches, un crampon et une mouche, pince carrée. (On le pose au cheval qui forge.)

F. Fer hors montoir à devant pour le cheval qui se couche en vache.

G. Fer montoir à devant, branche tronquée en dedans. On le pose provisoirement au pied opéré en talon.

EXPLICATION DE LA 9me PLANCHE.

A. Fer hors montoir à derrière, pour le cheval de roulier.

B. Fer hors montoir à devant, pour le cheval de roulier.

C. Fer montoir à derrière, pour le cheval attelé au train d'artillerie.

D. Fer montoir à devant, pour le cheval attelé au train d'artillerie.

E. Fer montoir à derrière, pour le cheval de cavalerie.

F. Fer montoir à devant, pour le cheval de cavalerie.

EXPLICATION DE LA 10ᵐᵉ PLANCHE.

A. Fer hors montoir à derrière, de course, à l'anglaise.

B. Fer hors montoir à derrière, de selle, à la française, avec un crampon et une mouche.

C. Fer à derrière, hors montoir, de course, à la française.

D. Fer à devant, hors montoir, de course, à l'anglaise.

E *et* **F.** Fers à devant, montoir, hors montoir, de course, à la française.

G. Fer hors montoir de devant, de selle, à l'anglaise.

H. Fer montoir à devant, de selle, à la française.

I. Fer à derrière montoir pinçard, à l'anglaise.

EXPLICATION DE LA 11me PLANCHE.

A. Fer à branches, couvert, hors montoir, à devant.

B. Fer à derrière, montoir à pince couverte, pour le pied du cheval que la fourbure est tombée dans le sabot.

C. Fer montoir de devant, à coulisse.

D. Fer à la florentine, à mulet.

E. Fer pour le cheval qui a le pied mulage ou serré; il est montoir de devant.

F. Fer de celle de derrière hors montoir, à l'anglaise.

G. Fer à planche hors montoir de devant, à l'anglaise.

EXPLICATION DE LA 12ᵐᵉ PLANCHE.

A. Fer de mulet pour le pied montoir de devant.

B. Fer de mulet pour le pied hors montoir à derrière.

C. Fer à planche à la florentine pour le pied montoir à devant du mulet.

D. Fer pour le pied montoir à derrière d'un âne.

E. Fer pour le pied hors montoir à devant d'un âne.

F *et* **G.** Ces deux fers de bœuf couvrent les deux parties du pied montoir de l'avant-main ; les pinçons se rabattent entre les deux ongles.

FIN DES PLANCHES.

TABLE DES MATIÈRES.

— 98 —

— 99 —

FIN DE LA TABLE.

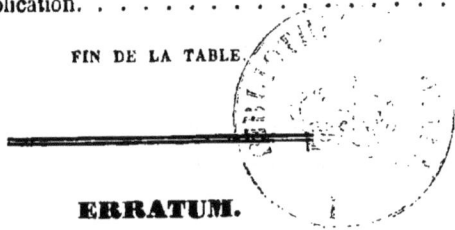

ERRATUM.

Page 11, lig. 15, *au lieu de :* de Ronda à Gibraltar, *lisez :* de Ronda devant Gibraltar.

A.

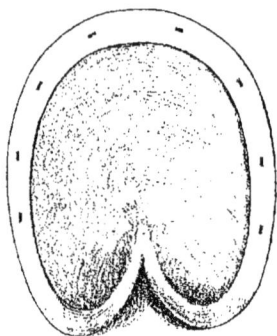

B.

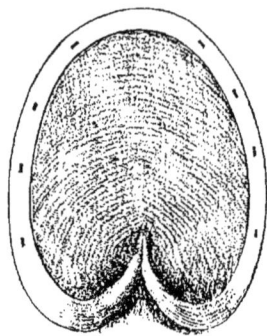

C.

E.

D.

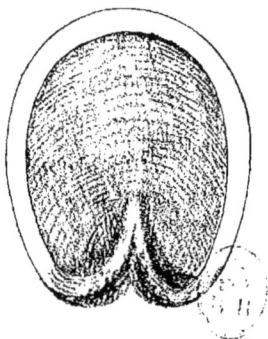

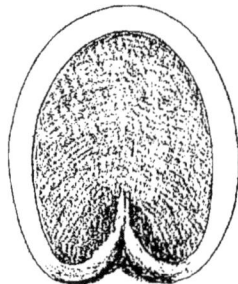

PLANCHE 2.

A.

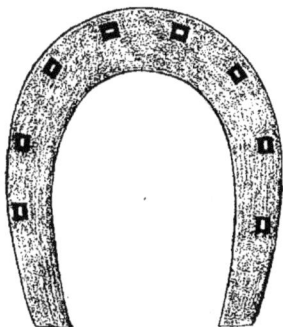

B.

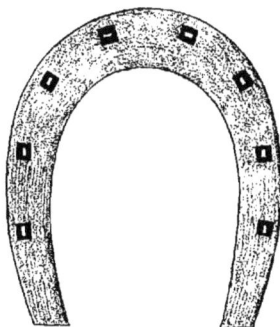

C.

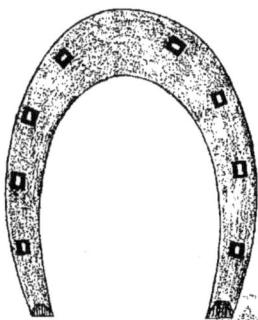

D.

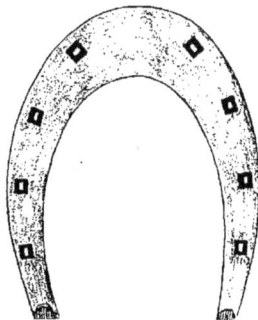

PLANCHE 3.

A.

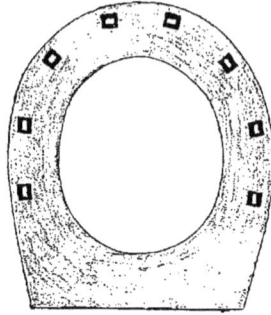

B.

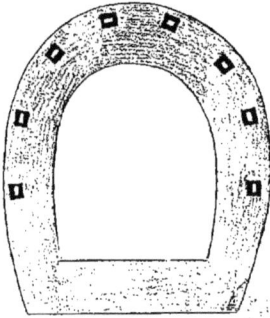

C.

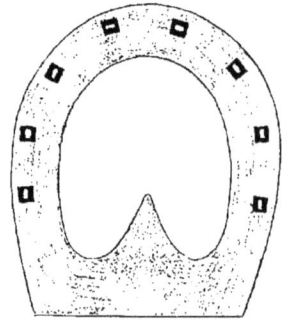

PLANCHE 4.

A.

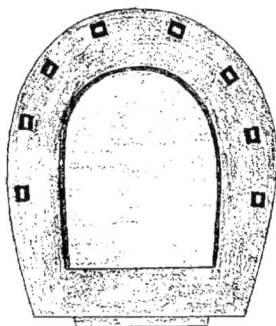

B.

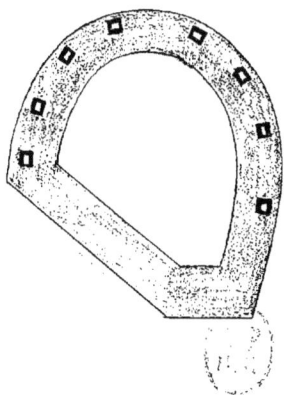

C.

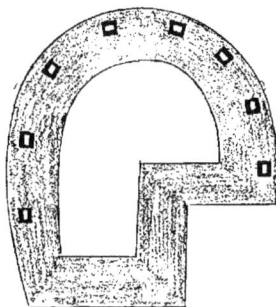

A.

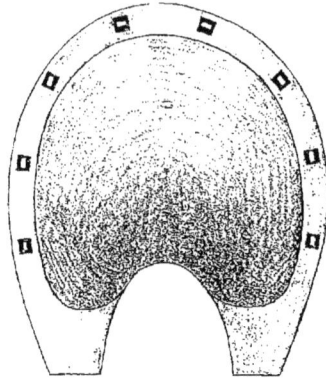

B.

C.

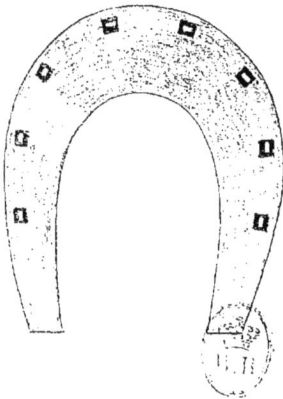

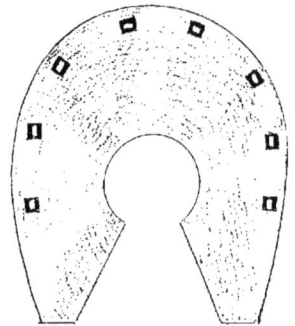

PLANCHE 6.

A.

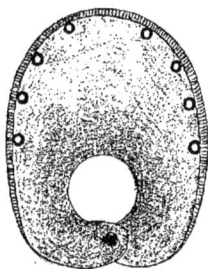

B.

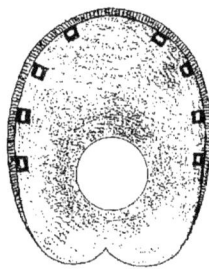

C.

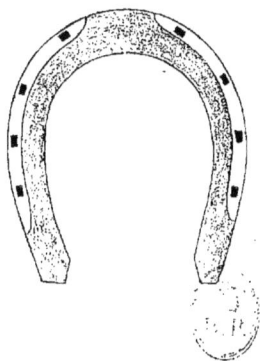

D.

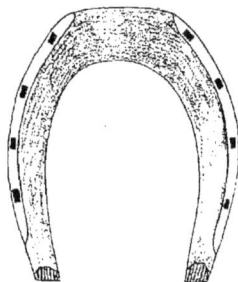

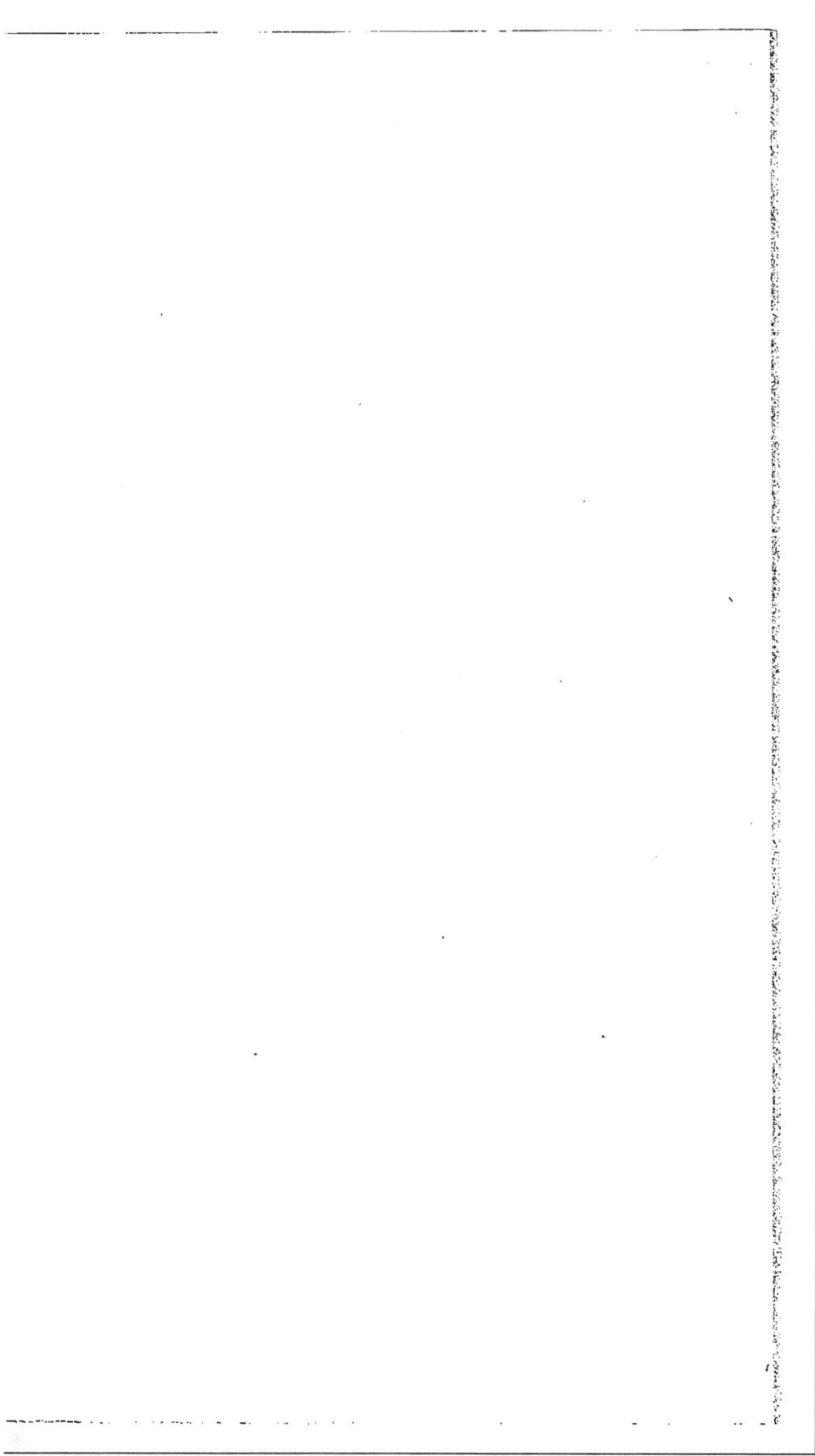

PLANCHE 7.

A.

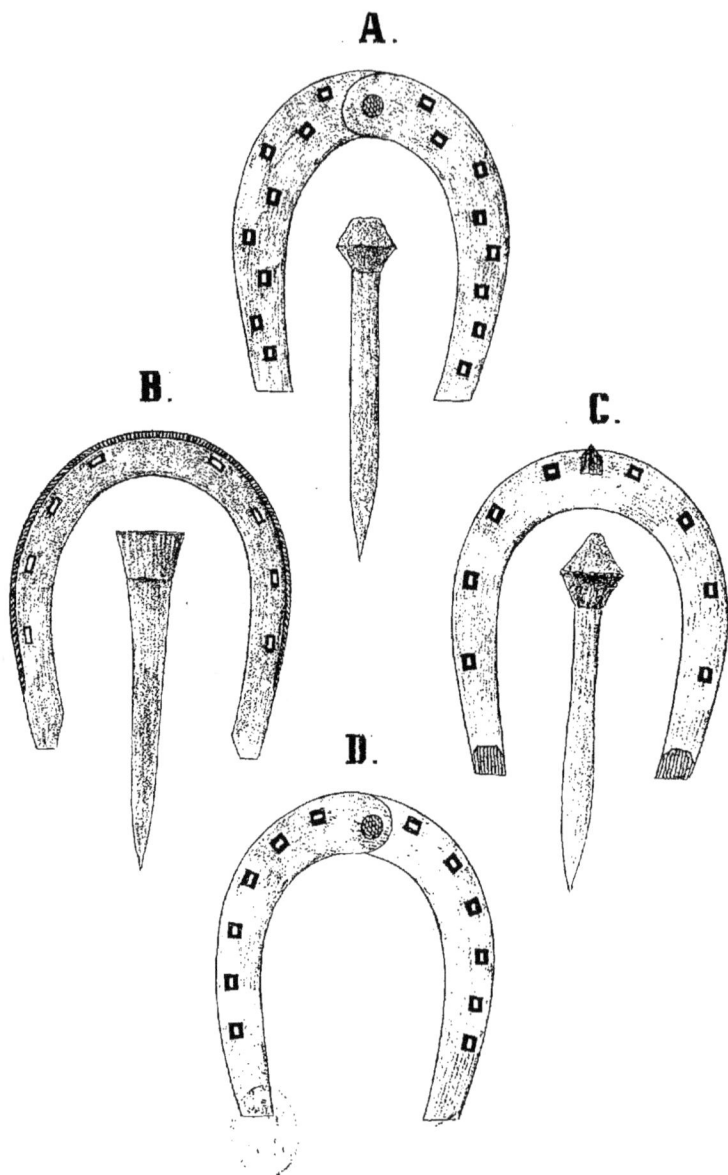

B.

C.

D.

PLANCHE 8.

A.

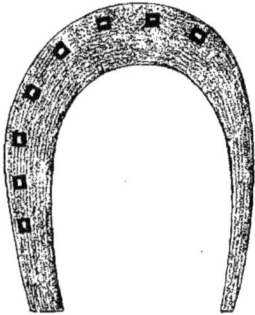

B.

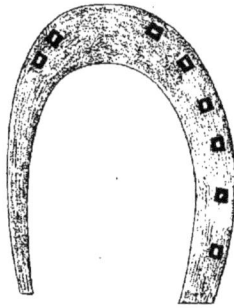

C.

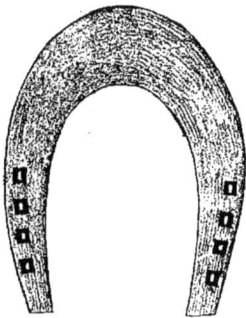

D.

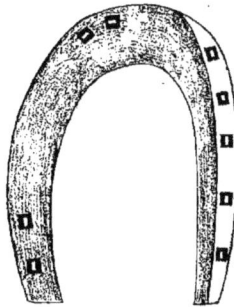

E.

F.

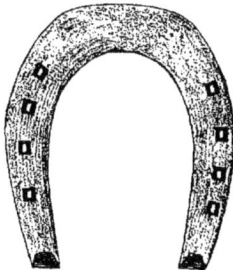

G.

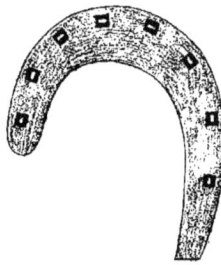

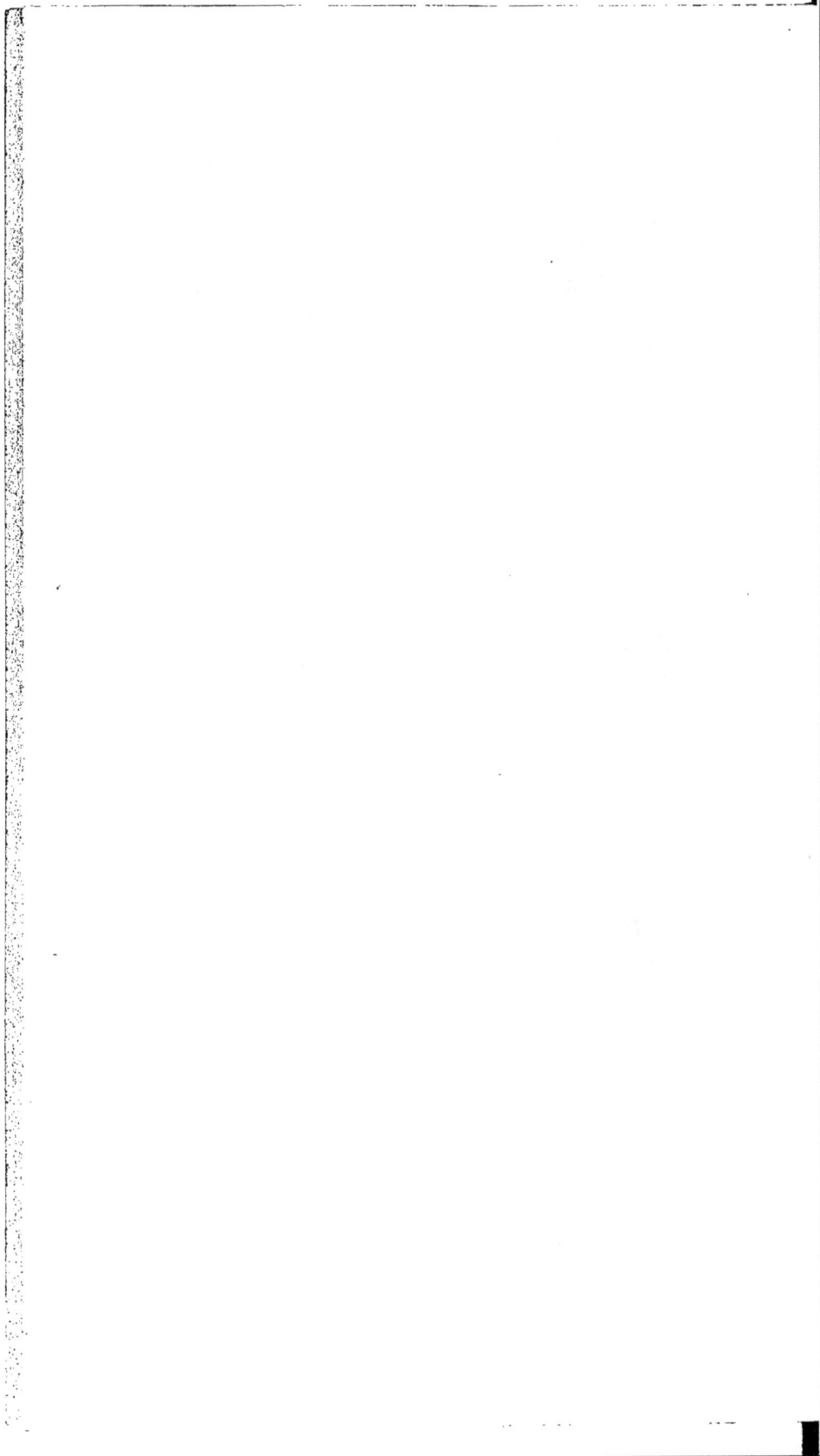

PLANCHE 9.

A.

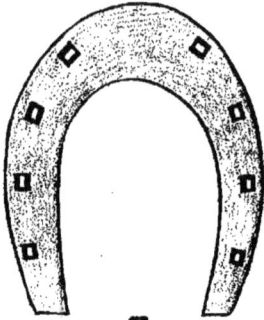

B.

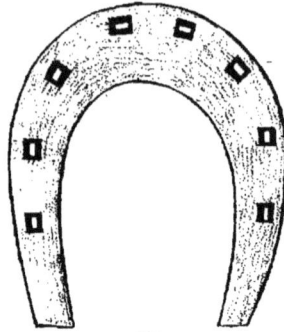

C.

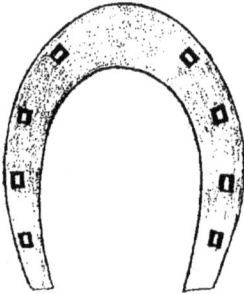

D.

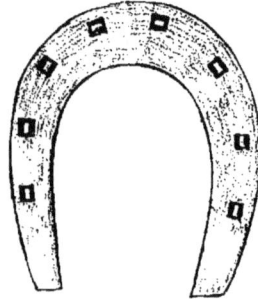

E.

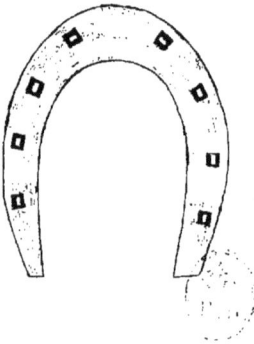

F.

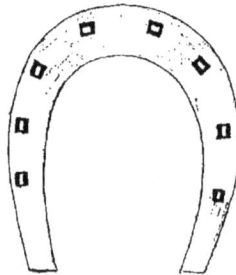

PLANCHE 10.

A.
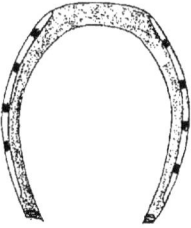

B.

C.
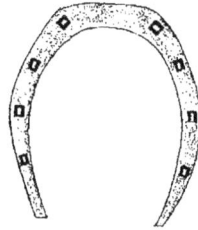

D.
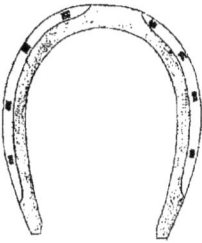

E.
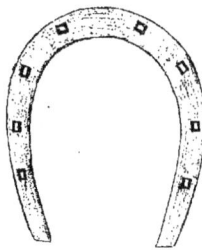

F.
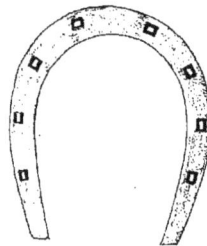

G.
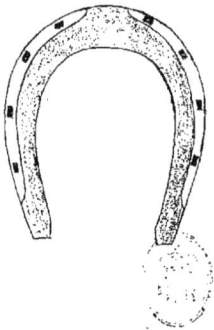

H.
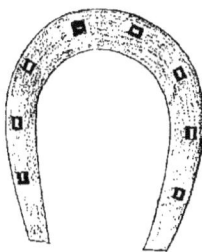

I.
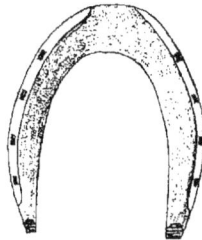

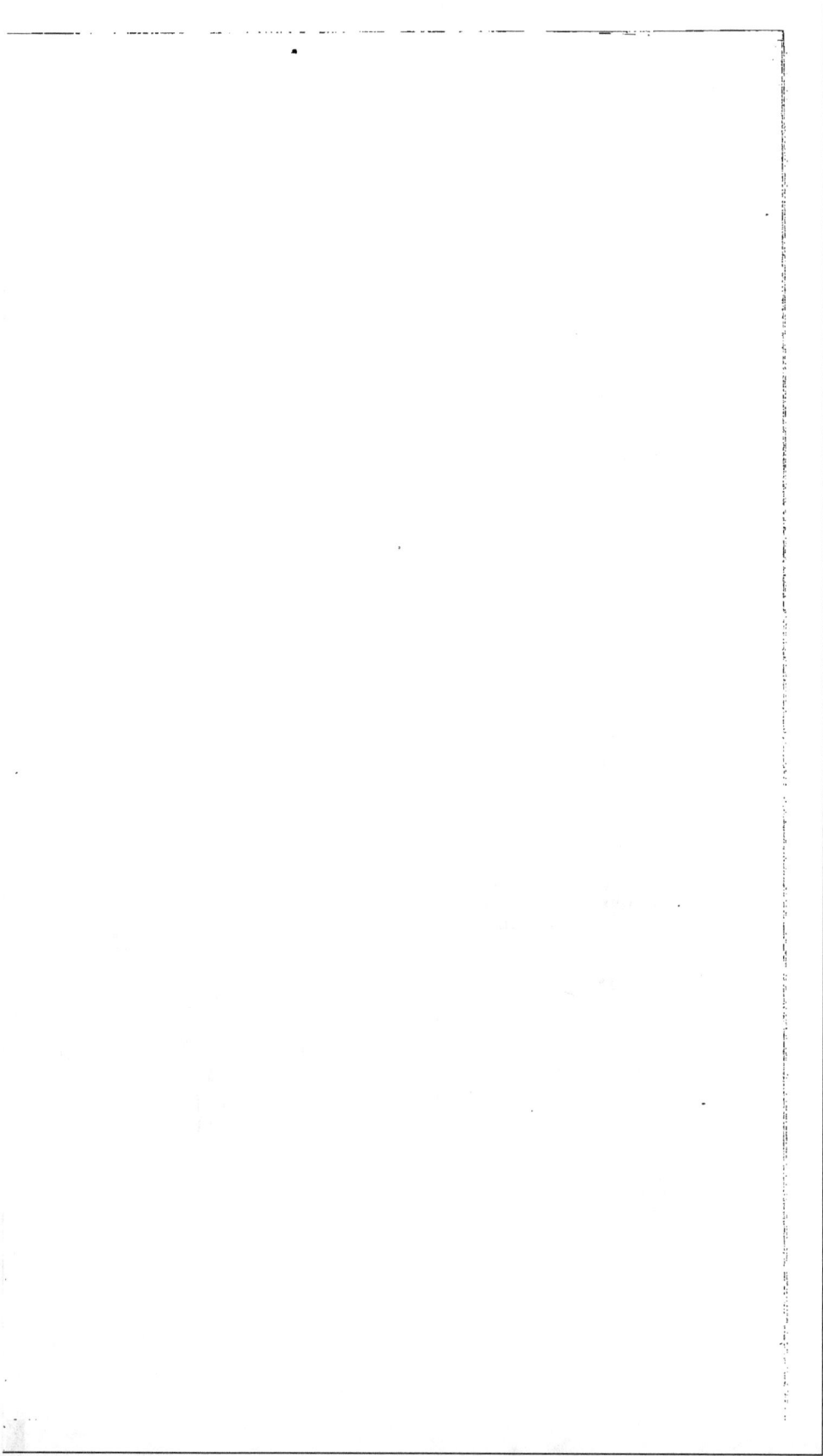

PLANCHE 11.

A.
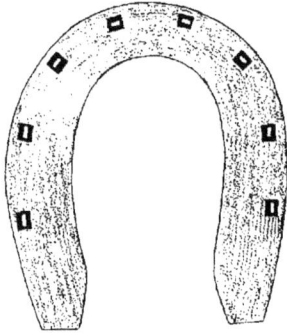

B.
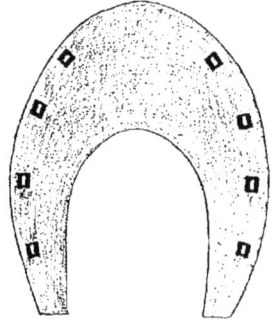

C.
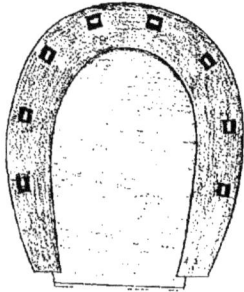

D.
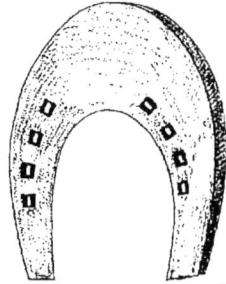

E.
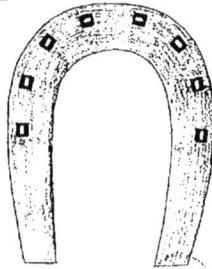

G.
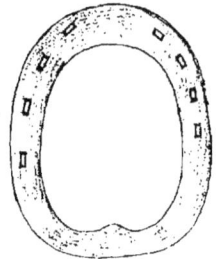

F.
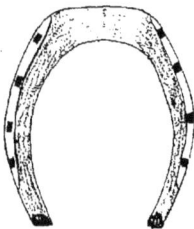

PLANCHE 12

A.

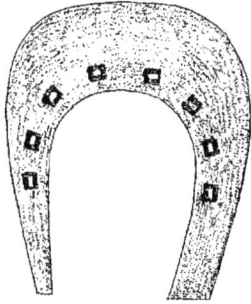

B.

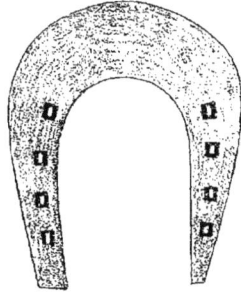

C.

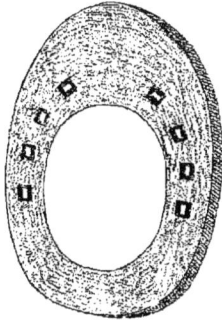

D.

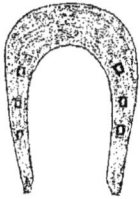

E.

F.

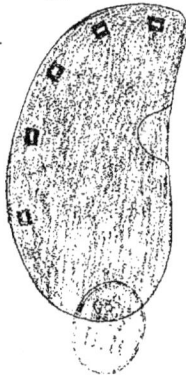

G.

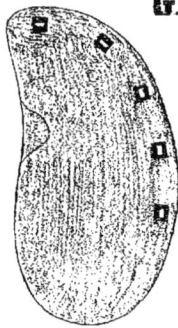

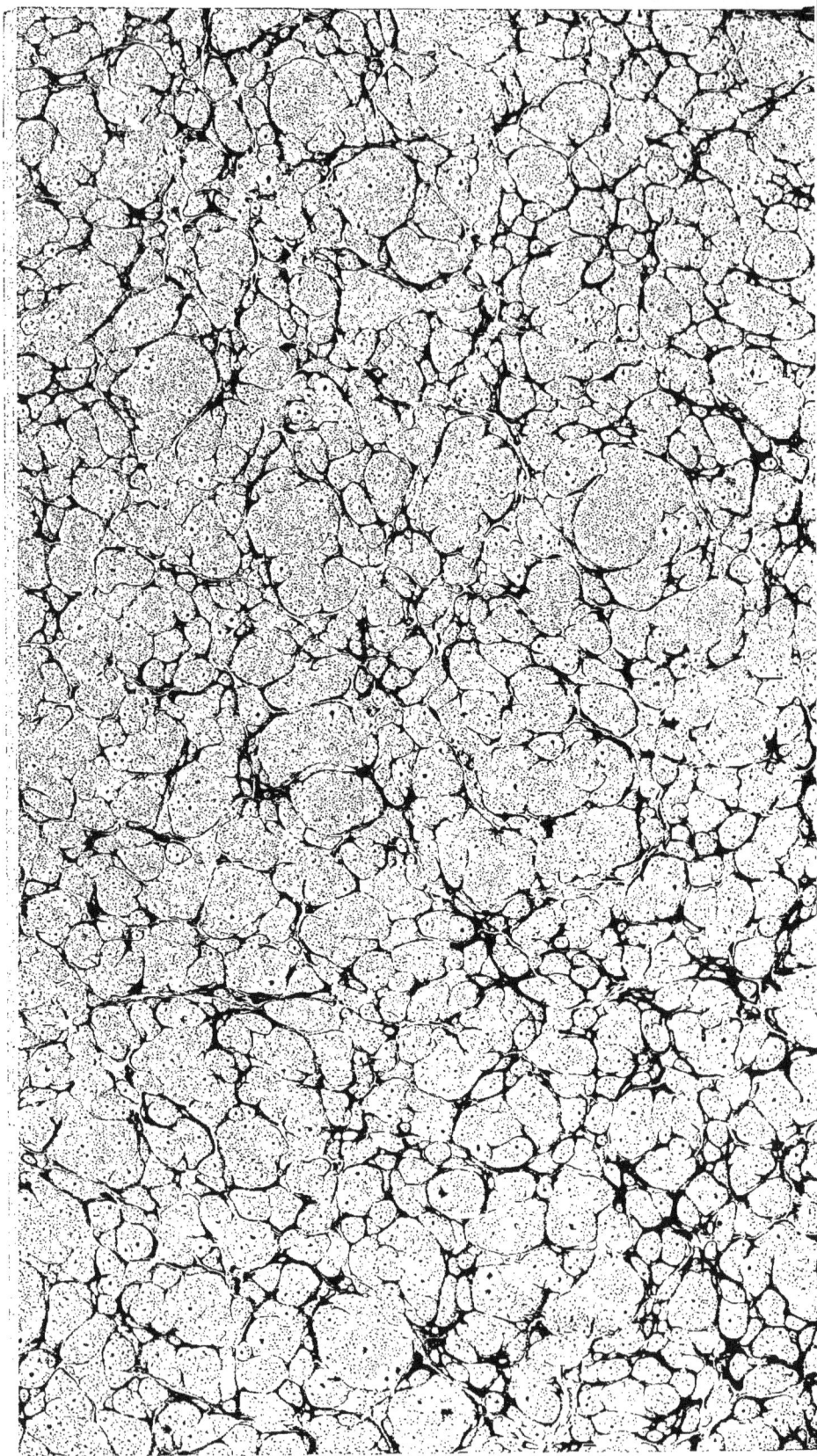

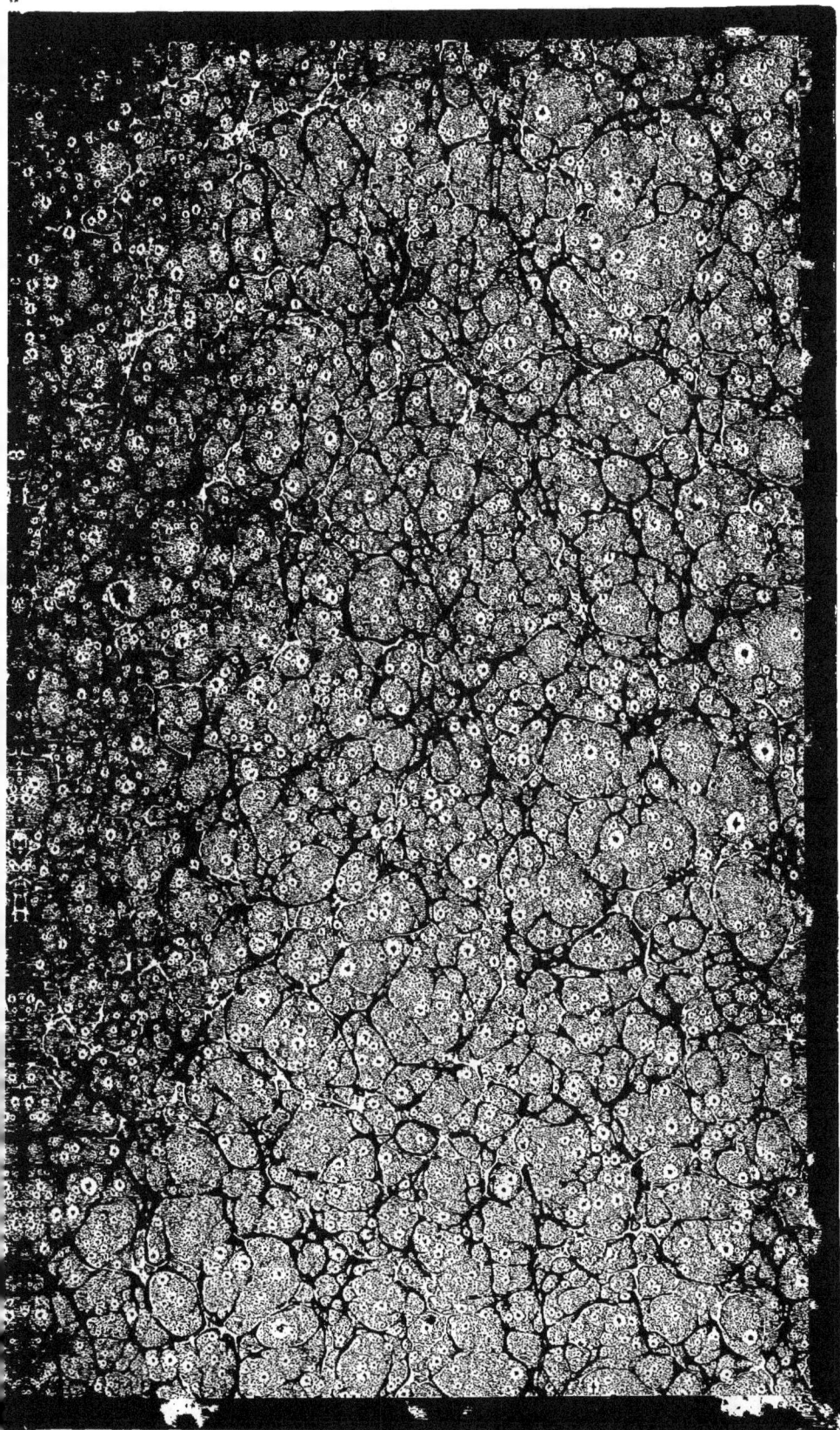

www.ingramcontent.com/pod-product-compliance
Lightning Source LLC
Chambersburg PA
CBHW062027200326
41519CB00017B/4957